2021年、100歳の誕生日記念のポートレート。私の友人、ルーヴェン・アファナドール撮影。ジャンバティスタ・ヴァリのドレスを着用。もちろん、盛大なパーティを開いたわ。

With you, our life is just a sea of bliss, A treasure!

あなたとふたりで歩む人生は
喜びに満ちあふれる
かけがえのない宝物そのもの!

フォトエッセイ
アイリス・アプフェル
世界一おしゃれな102歳のスタイル

アイリス・アプフェル

桐谷美由記［訳］

デザインは私の魂の栄養。2022年、ラガブルで初めてラグのデザインを手がけるという機会に恵まれました。完成したすばらしいラグを敷いた部屋でルーヴェンが撮影した1枚。クリエイティブな仕事は、私に生きるエネルギーを与えてくれます。

目 次

はじめに　　009
∞　メガネをかける

1
世界中のあらゆるものが
影響を与え合っている　　016

2
心がうきうきする色が好き　　083

3
大胆さと遊び心をいつも忘れずに　　130

4
無難な自分から抜け出して冒険してみる　　184

5
人生は一度きりの旅だから
楽しんだほうがいい **212**

6
美の基準は十人十色 **245**

7
心が幸せになる色は何色? **267**

訳者あとがき **280**
Picture credits **284**

はじめに

メガネをかける

『ハーパーズ バザー アラビア』
リチャード・フィブス撮影
2021年

本書に秘密の話は出てきません——私には秘密なんて何もないから。そういう話を知りたかったのなら、がっかりさせてごめんなさい。でも、すてきな話なら出てくるわ。ちょっとしたいいアイデアも。

本書では人生について述べています。自分の人生は自分で作るということについて。鮮やかな色に彩られた人生について。カラフルな人生を自ら創りあげましょう。

私は人生を楽しんでいます。人生はすばらしいものです。私は自分が生きてきたこの人生にとても感謝しています。誰も永遠に若いままではいられません。時を止めることは不可能ですし、私も永遠の若さが欲しいわけではありません。私は生きることを楽しんでいます。人との出会いを、新しい経験を、仕事を楽しんでいます。楽しめないものはほとんどありません。ひょっとしたら、これには秘訣があるのかしら？

人生は楽しまなくては損。

Much Love,
Iris

→私のコレクション
すべてのものに物語があります。
すべての出会いが
私の人生を彩ってくれるのです。

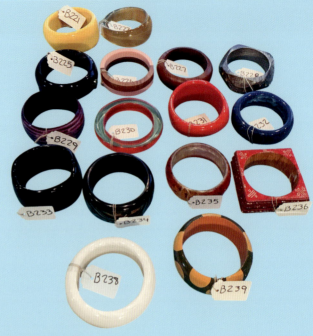

テクニカラー
天然色の人生を生きる

なぜって?

色には力があるから。人の心を動かす力が。色は人の感情や考え方やものの見方に確実に影響を与えます。色で性格もわかるのです。誰しも惹かれる色というものがあります。その色が人それぞれの性格を表しているのです。

私の場合は、華やかなチャイニーズレッドとターコイズブルー───とはいえ、思わず惹かれてしまう色はこの2色以外にもありますし、それはそのときの気分で変わったりもします。あなたは何色に惹かれますか?

人生は虹色

人生には色が必要です。人生を単調に感じるときもあります——また、生きていればたまらなくつらい日も、たったひとりで荒野をさまよっているような気分になる日もあります。だからこそ色が必要なのです。そんな日々に色を加えてみましょう……元気が出る色を。色は自信を与えてくれます。

色は人生にいいことを引き寄せてくれます。運気を上げてくれるのです。願ってもないことではないでしょうか。

色は人生に大いに活用すべきものだと、私は思っています。人生を刺激するすばらしいものだと。人生をともに生きる力強い相棒だと。色のない人生など考えられません。色は私たちに贈られたすてきなギフトなのです。うまく活かしましょう。色には人生に影響を与える力があるのだから。

人生は何色にでも染まります。あなたの望む色になります。望む色のついた人生にはたくさんの幸せが訪れます。どうかこのことを心に留めておいてください。

私が心惹かれるのは色だけではありません。

質感と模様も重要。このふたつも人生に必要不可欠だと、私は思っています。

すべての経験は生き方を奥深いものにし、さまざまな人生模様を描き出すからです。

本書は決して私の真似をすることや、私に同調することを勧めているわけではありません——あなた自身で考えてもらいたいのです。

他人の意見に流されず、想像力を働かせて自分の色を見つけてください。自信を持って、自分のスタイルを創りあげてください。

直感を信じましょう。私はいつもそうしています。好きな服を着ればいいのです。人生は自分の好きなように決めていいのです。自分の選択を信じて堂々と生きましょう!

私の人生は愛に、驚きに、底知れぬ好奇心に満ちています。本書は私のインスピレーションやルール、アイデアの宝庫です。本書は私そのものなのです。

1948年、パームビーチにて →

インスピレーションの源を見つける。

自分が
スタイルアイコンになる。

あなたは
何に幸せを
感じますか?

1
世界中の あらゆる ものが

影響を与え合っている

世界中のあらゆるものが影響を与え合っている

創造性
<small>クリエイティヴィティ</small>

端的に言えば、いくらうわべを取り繕っても、偽物はどこまでいっても偽物です。

いつまでも若々しくいたいのなら、学び続けることです。私は自分のことを生涯学生だと思っています。クリエイティヴィティが枯渇すると、人も物もそこで終わってしまいます。少なくとも、私の人生ではそうです。

すべてのことが（そして、すべての人が）刺激になります。いやな経験でさえも、いい刺激になります。

繰り返しになりますが、すべての経験は生き方を奥深くし、人生模様を描き出します。ひとつひとつの出来事が人生をおもしろくしてくれるのです。真っ白なキャンバスみたいな人生なんてつまらないでしょう？

メイムおばさんはいつもこう言っていました。

「先延ばしにしてはいけない、経験に勝るものはないのだから」

*ゼニ・オプティカル
ルーヴェン・アファナドール撮影
2021年*

世界中のあらゆるものが影響を与え合っている

人生は宴

↙ 常に探検
40年にわたり、友人たちといろいろな国や場所へ行きました。アメリカ、ヨーロッパ、北アフリカ、スーク、バザール、蚤の市……おいしい朝食を食べられるところにも。

これまで私はいろいろな心躍る体験をしました。そのすべてが人生に模様を織り成しています——北アフリカのスークやバザール、ヨーロッパの蚤の市、アメリカの最高にスタイリッシュな邸宅など、どの場所にも楽しい思い出があります。スタイルは心を映し出す鏡で、人生模様は私という人間を表現しているのではないでしょうか。私の人生の中には多彩な模様が織り込まれています。それが幾重にも積み重なって、複雑な層を成す個性が形作られます。人間と同様に場所も、時間とともに積み重なった層が個性を形成しているのかもしれません。

もしそうなら、インテリアや服のひとつひとつにも同じことが言えるでしょう。自らの経験を活かしましょう。考えや感情や嗜好も。そうすれば感性が鋭くなります。審美眼を養うことができるのです。

家はそこに住む人を映す鏡であるべき。
身なりが当人を表すのと同じように。

←大好きな赤は決して裏切らない。
2016年、ニューヨークで開催された受賞記念パーティに出席。

世界中のあらゆるものが影響を与え合っている

私はアンティークのチャイナガウンをよく着ます。ラルフ・ルッチのイブニングジャケットやジャンニ・ヴェルサーチ自身が手描きした花柄の服もお気に入りのアイテムです。プロヴァンススタイルが好き。大切な友人、ナイジェリア出身というバックグラウンドを持つデュロ・オロウが生み出すデザインも。インドの伝統模様からインスピレーションを得たペイズリーモチーフのジャケットも好きです。このジャケットはありとあらゆる色を組み合わせて自分でデザインしました。ペイズリーといえば、19世紀に作られたこの柄のイブニングケープも持っています——それはもう、うっとりするくらい美しいのよ。鮮やかな色彩のアラベスク柄も大好き。中東のシルクも、ネイティブアメリカンの伝統工芸品も、モロッコの絨毯も、ヴェネツィア家具も……。ああ、どうしましょう。好きなものを挙げていたら、きりがなくなってきたわ。

何事も実験から始まります。
私はあらゆるものを集めて混ぜ合わせるのが好き
……普通じゃない感じのものから、
違う場所・違う時代に作られたものまで。

これでも断捨離に励んでいます。壁が見えなくなってしまったから。だけど、今もまだ壁の大部分は絵画や過去の展覧会のポスターで覆われたまま。それに、旅先で見つけた美しい生地、ピッチャー、ボウル、花瓶なんかもなかなか処分できずにいます。すべてに愛着があるから。

人生にきらめきを →
大好きなものに囲まれた暮らし。
2021年、ルーヴェン・アファナドール撮影

旅に出るといつも刺激を受けます。今も昔も変わらずに。毎日が発見と学びの連続。訪れる先々で、目に映るすべてに自然と影響されます。それが人生なのでしょう。生きている限り、人は新しいことを吸収し続けるのです。スポンジのように。

私はスポンジ。
自分でも気づかぬうちに、
いつもさまざまなことを
吸収しています。

そのすべてを自分の中にしまい込みます。必要になった瞬間に、必要なものをぱっと取り出すのです。

世界中のあらゆるものが影響を与え合っている

インテリアデザイナーという仕事柄、一点ものを探して世界中を飛び回っていました。結婚してからは夫のカールと一緒に。私たちはふたりで立ち上げたテキスタイル会社、オールド・ワールド・ウィーバーズで扱うファブリックの買い付けに世界各国へ足を運びました。初めてヨーロッパを訪れたのは1950年代です。このときを境に、人生ががらりと変わりました。パリやロンドンの歴史的建造物は、言葉で言い表せないほどすばらしいものばかりでした。もちろん、イタリアとギリシアも魅力的でした。その後、私たちはレバノン、トルコ、モロッコ、パキスタンにも買い付けに行きました。でも、カールとふたりでインドを訪れる機会はありませんでした。

↑ カール──ふたりで初めての旅行
1959年、モーリタニア号で西インド諸島へ。

おいしそう！ →

← オールド・ワールド・ウィーバーズの
ショールーム

インドに行ってみたかった。実際に現地に行って、職人技や伝統色や伝統模様をこの目で見てみたかった。私のデザインはインド文化の影響を受けています。でも、本や博物館でしかインスピレーションを得られませんでした。残念ながら、織り込みたかった人生模様が私にはひとつ欠けています。それはカールとふたりでインドを訪れること。その願いは叶わなかったけれど、空想の中でなら、彼と一緒に何度もインドを旅できます。

世界中のあらゆるものが影響を与え合っている　　29

スタイルとデザインは
切っても切り離せない関係。

IRIS APFEL　　　COLORFUL

いい模様とはどういうもの？　そう訊かれたら、バランスだと答えます。私の場合、デザインはイメージすることから始めます。まずは気の向くままにイメージを広げていきます。そうするうちに、やがてしっくりくるデザインが不思議と見えてきます。ある瞬間に、これだと思うデザインが見つかるのです。この過程をいつも楽しんでいます。

世界中のあらゆるものが影響を与え合っている

1950年に、私はカールとオールド・ワールド・ウィーバーズを設立しました。ここでの仕事によって、私のインスピレーションは磨きがかかっていきます。17世紀後半から20世紀初頭にかけてのアンティークなデザインは興味深いものばかりで、その修復はとても楽しい作業でした。模様や色の修復にルールはありません。だからこそ、楽しいのです——さまざまなものを手がかりに当時を想像し、色を選びました。もともと、常に自分の直感を信じて行動しています。もちろん、ここにもルールは存在しません。もっとも、このような仕事のやり方は万人向きではないでしょう。でも、私には合っています。

OLD WORLD WEAVERS, INC

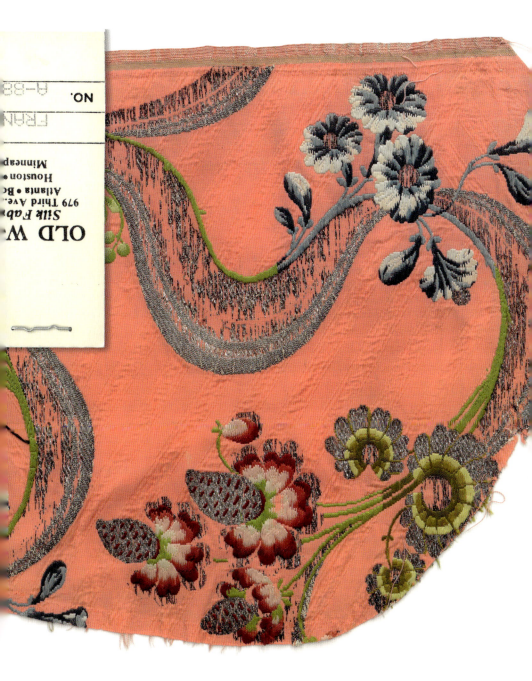

世界中のあらゆるものが影響を与え合っている

私の人生はアートと密接に結びついています。若い頃から美術史を学び、いろいろな考えに触れてきました。美術に限らず、建築、バレエ（私がまだ幼い頃、バレエが大好きだった母に公演へよく連れていってもらいました）、クラシック音楽といった文化からもさまざまなものを吸収しました。動き、色、模様にこだわりを持つようになったのは、間違いなくアートの影響です。

子どもの頃から、無意識のうちにさまざまな文化や歴史の影響を受けていたのだと思います。アートスクールに通うずっと前から。

父から言われた忘れられない言葉があります。
成人した私に、
世界で成功したいと本気で思うのなら、
誰とでもうまくやれる人間になれ、
と言ったのです。

私の大切な両親 →
私たちは何十年にもわたり、親友であり最高の旅仲間でした。

IRIS APFEL　　　COLORFUL

世界中のあらゆるものが影響を与え合っている

私はごく普通の子どもでした。母は娘をアイビーリーグに入学できそうな女学校に通わせたいと考えていました。それに反対したのが父です。あのとき自分の意見を曲げなかった父に感謝してもしきれません。父には私の未来の姿が見えていたのでしょう。オープンマインドで何事にも好奇心を持つことをモットーに生きる私の姿が。

この時代のアートやデザインはすばらしいけれど、あの時代のものには価値はない。そう決めつけるのは間違っています。私は奇抜なテイストのものはすべて好きです。

一方で、すてきなものがあるのはわかっていても、アール・ヌーヴォーは好みではありません。いつも意外に思うのはアニマルプリントの根強い人気です。物事にはいい面と悪い面が必ず存在します。そして、世の中にはグレーの部分もたくさんあります―決して白と黒だけで成り立っているわけではありません。

シンプルなスタイルが好きです。でも、大胆で派手なものも好き。どちらか一方を選ぶなんてできません。だから、ふたつのスタイルを混ぜ合わせます。

↓1940年、父と母

6世紀の世界を見てみたかった。
イスタンブールがコンスタンティノープルと
呼ばれていた時代
——ビザンツ帝国時代を。

その時代のアートや模様は
息をのむほど魅力的でした。

世界中のあらゆるものが影響を与え合っている

私の色へのアプローチの仕方は画家のそれと多くの点で共通しています。たとえば、アンリ・マティス。テート・モダンで開催されたマティス展を見に行ったときのこと。彼の切り紙絵の鮮やかな色彩は私の服の組み合わせ方によく似ていたのです。この事実に最初に気づいたのはキュレーターでした。彼らにマティスと私は同じ色彩感覚を持っていると言われ、たしかにそのとおりだと思いました。

きっと自分でも気づかないうちに
マティスに影響されていたのでしょう。
彼の切り紙絵の代表作〈かたつむり〉は
私のお気に入りです。
あの配色は見事としか言いようがなく、
やや抑えた明るい色の
さまざまな四角形の紙が
美しく配置されています。

今のファッションエディターたちは大胆な配色という言葉をよく使います。でも、マティスはずっとそれを得意としていました。彼はジャズが好きでした。これも私と同じです。彼が鮮やかな色の紙を即興で組み合わせて作品を作る姿を想像するたびに、そこにいつも自分の姿が重なります。

← 2021年、100歳の誕生日パーティ
最高にハッピーな気分に合わせて、私のH&Mコレクションからカナリーイエローの服を選びました。

世界中のあらゆるものが影響を与え合っている

オールド・ワールド・ウィーバーズのテキスタイルデザインは非常に古典的でした。何年にもわたり、私たちはホワイトハウスの長い歴史を刻んできたファブリックの復元や修復に携わっていました。この経歴が私に"ファブリック界のファーストレディ"や"われらの布のレディ"という愛称がつくきっかけとなったのです。言い得て妙な愛称で、気づけばいつの間にか、私のクローゼットは色彩豊かで手刺繍が施されたヴィンテージやアンティークの司祭服のコレクションで埋まっていました。

Iris Apfel known as
Iris Barrel

50年代前半、蚤の市がまだ本来の形をとどめていた頃、私はパリの蚤の市に出店している行きつけの布屋で19世紀に作られた保存状態のいい司祭服を見つけました。色は深紅、生地はリヨン産のシルクベルベット。思わぬ掘り出し物と出会い、うれしさのあまり頭がくらくらしました。その高揚感はさらに上昇。というのも、その司祭服には豪華なモール刺繡を施した美しいシルクブロケードのインサーション（大きな布に縫いつける小さな布）を配置してアクセントがつけられており、おまけに袖を通した形跡もまったくなかったのです。

カールにはしょっちゅう、もう古い生地はいらない、と言われました。どうやら彼は自分たちが着る服を買うお金がなくなってしまうと思ったようです。それでも、私は古い生地を集め続けました。彼になんと言われようとも。古い生地は最高にすてきなカクテルドレスに生まれ変わります。私にはそれがわかっていたのです。ある日、ファッション評論家のユージニア・シェパードが私たちの会社に顔を見せました。完璧なタイミングでした。ユージニアは私に加勢して、カールを説き伏せたのです。私たちはオールド・ワールド・ウィーバーズの工場で生地を再生産しました。ズボンと揃いの室内履きもいくつか作りました。私はトータルコーディネートした衣装を一式用意しておきます。ホワイトハウスで開催されたさまざまなパーティに出席するとき、それが重宝しました。あの場で、私があれこれ着飾ることはありませんでした。

世界中のあらゆるものが影響を与え合っている 41

自然こそ世界一のデザイナー。

↑ 1965年、キリン柄のコート
パリで購入。船でアラビア海クルーズを楽しんだときに着用。

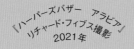

『ハーパーズ バザー アラビア
リチャード・フィブス撮影』
2021年

けばけばしい羽根がお気に入り

世界中のあらゆるものが影響を与え合っている

← イタリア、カプリ島
1950年代。パリから遊びに来たフランス人の友人と。彼が言うには、フランス人は魚料理に赤ワインを合わせるそうよ。なんてすばらしいニュースなの。
↓ 自然からインスピレーションを得て自分を表現

世界中のあらゆるものが影響を与え合っている

→ 母なる自然が一番わかっている。
彼女（自然）に賛成。誰も彼も"同じ"じゃつまらない。

↓ 釣りへ……インスピレーションを求めて。
1938年、マイアミビーチ

私は型にはまらない自由な組み合わせにどうしても惹かれてしまいます。まだ4歳くらいの頃、ちょっとした事件を引き起こしました。家族3人であるリゾート地へ休暇に出かけたとき、母が髪に結んでくれたリボンが気に入らなくて癇癪を起こしたのです。それはもう手がつけられないほど激しく。理由は、リボンと服の色が合っていないと思ったからです。でも、やはりさすがは母です。私に何が似合うか、実は一番わかっていました。

花や植物、それに鳥や動物や海に目を向けると答えは見えます。

すべての答えは自然の中にあるのです。

世界中のあらゆるものが影響を与え合っている

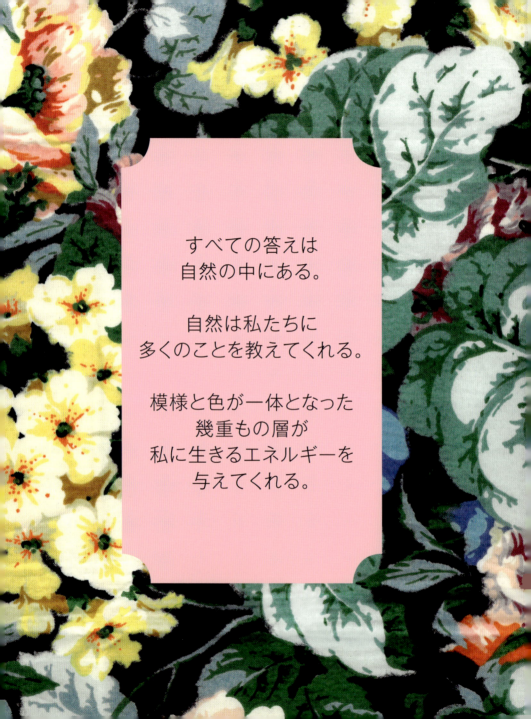

すべての答えは
自然の中にある。

自然は私たちに
多くのことを教えてくれる。

模様と色が一体となった
幾重もの層が
私に生きるエネルギーを
与えてくれる。

この世界に生きる。
この世界の一部になる。
それが自然。

何事にも
臨機応変に。

クリエイティブであることに
こだわりすぎず、
ときには自然の成り行きに
任せてみましょう。

2023年、ホームウエアブランド、ラガブルと共同でラグを製作したとき、自分の中にあるインスピレーションを余すことなく注ぎ込みました。模様の位置やこのラグを敷く部屋に喜びや幸せを運ぶデザインをあれこれ考えるのは、本当に楽しい経験でした。デザインの仕事は魂に栄養を与えてくれます。私の考案したデザインで誰かの家が明るく変身することを想像すると、思わず顔がほころんでしまいます。

世界は宝の宝庫。わくわくする刺激に満ちています。あなたのわくわくすることはなんですか？

← サファリで
私の母はシマウマの毛皮を持っていました—その毛皮を母がとても気に入っていたことを、ふと思い出しました。それがヒントとなり、ラグのデザインに動物のモチーフを使ったらおもしろそうだと考えたのです。もちろん、ラグを製作するためにシマウマに危害を加えたりはしませんでした。

チャルダッシュ・ラグ →
チャルダッシュとはハンガリーの伝統的なフォークダンスのことです。この模様は18世紀のハンガリーのテキスタイルからアイデアを得ました。まるでダンスをしているみたいで、エネルギーが伝わってきます。

世界中のあらゆるものが影響を与え合っている

↑ 蝶
蝶は幸せの象徴。蝶たちはカラフルで美しい羽をひらひらさせて、幸せをたくさん運んでいるのだと思います。

楽しく、楽しく、
どこまでも楽しく。
私たち、楽しまなくちゃ。

楽しみは
多ければ多いほどいい。
少ないとつまらない。

世界中のあらゆるものが影響を与え合っている

ミセス・ローマン（フリーダ・ニューラートラストより提供）1873年10月2日〜1962年9月22日 ディスカウントショップチェーン、ローマンズの草案関の女王

自分を知ること。自分に正直であること。私には何か特別なものがあると最初に言ってくれたのは、ディスカウントショップの経営者ミセス・ローマンです。彼女はすばらしい先生でした。ブルックリンにある彼女の店、ローマンズに初めて行ったとき、雨が降っていたのを覚えています。当時、私は20代後半で、結婚したばかりでした。"バックルーム"の噂は聞いていたものの、それを実際に自分の目で見た瞬間、興奮でめまいを起こしそうになりました。なんと、有名なファッションデザイナーの服がずらりと並んでいたのです。しかも、すべて格安で販売していました。まさに天国にいる気分です。

ミセス・ローマンには先見の明がありました。当時は世界恐慌まっただなかで、街に失業者があふれていたものです。けれど、そんなときでも、彼女のおかげで7番街は活気を保っていました。ミセス・ローマンはデザイナーから服を買い取り、それを安く売るというファッションビジネスを確立しました。引っ越しの多かった彼女は、行く先々でいつもスポンジのごとく新しいことを吸収して、創造力を養いました。彼女は毎日、取引先と会っていました——私には手の届かない、あこがれの高級ブランドの服を買い取るために。でも、ある日突然、それが私の手にも入るようになったのです。これはうれしい驚きでした。

ミセス・ローマンは風変わりな女性でした。小柄で、髪はひとつに束ねて頭頂でまとめ、頬には丸くチークを入れていました。服装はいつも決まって前ボタンのハイネックブラウス、紐ベルト付きのロングスカート、ボタン付きのアンクルブーツ。ロートレックの絵画から抜け出てきたみたいな雰囲気がありました。今も、店に行くたび、必ずテニスの審判のようにハイツールに座っていたミセス・ローマンの姿が目に浮かびます。

ある日、私が店内を歩いていると、彼女にじっと見つめられました。そのとき、ミセス・ローマンからこう言われたのです。

「お嬢さん、しばらく見ていたけれど、
あなたは美人ではないわね。
この先も美人になるなんてことは無理。
甘い言葉にだまされたらだめよ。
でも、顔なんてどうでもいいの。
あなたはもっとはるかにいいものを持っている。
あなたには独自のスタイルがあるのよ」

ローマンズで宝探し →

↓ オールド・ワールド・ウィーバーズでの日々
理想的なカーテンタッセルを発見。最高の気分。
1950年、フランスのどこか

ミセス・ローマンは私を見つけてくれた最初の人です。

それだけでなく、彼女は私に多くのことを教えてくれました。上質なファブリックの見分け方について。スタイルや製造業について。商品ができるまでの過程について。彼女が買い取る服は、表地も裏地も美しいものが多かったです。ミセス・ローマンは本当に物知りでした。あの頃の私はいつも時間に追われていて、結局返品できなかった服がありました。もっとも、ローマンズも返品には応じていなかったのですが。そういう服の生地はとてもゴージャスながら、着る機会はないのです。この経験から、こう考えるようなりました。どうもしっくりこないときは、別のものに生まれ変わらせればいい。たとえば、小さな飾り用クッションに。

世界中のあらゆるものが影響を与え合っている

IRIS APFEL   COLORFUL

← ミリセント・ロジャース
1947年撮影。ニューヨーク・ドレス協会が主催する、今年のベストドレッサー10人のひとりに選出されたとき。

↓ 大胆であれ、勇敢であれ
ミリセントからの贈り物。私が愛してやまない大ぶりで大胆なジュエリー。

非常に興味を引かれる人。それがミリセント・ロジャースです。彼女はスタンダード・オイル社の相続人、社交界の名士、ジュエリーデザイナー、アートコレクター、そしてドレスを完璧に着こなす女性でした。また、誰にも左右されない独自のスタイルを持っていました。彼女のワードローブを一度でいいからこの目で見てみたかった、という渇望が込みあげます。ミリセントは場所やアートに影響を受け、それをさまざまな興味深い方法で自分のスタイルに取り込みました。その審美眼はオーストリアの民族衣装やナバホ族の伝統衣装からバレンシアガまで、世界中の多くのものに触れて磨かれていったのです。ミリセントは自分の信念を持ち、それに従って生きていました。ネイティブアメリカンのジュエリーを蒐集していましたが、当時、このジュエリーは非常に珍しいものでした。

現在、ミリセント・ロジャースの個人コレクションは、ニューメキシコ州タオスのミリセント・ロジャース博物館に展示されています。毎年夏になると、カールと私は彼女の集めたネイティブアメリカンのジュエリーを見るためにそこを訪れました。いわば年に一度の聖地巡礼です。

世界中のあらゆるものが影響を与え合っている

60　　　　　IRIS APFEL　　　COLORFUL

← はつらつとした母
母とジョークを交わして笑っているのはフォクシーおじさん。

母と私の情熱を注ぐ対象はまったく違いましたが、私は母の影響を強く受けています。母はすばらしくセンスのいい人でした。シックなスタイルが好きで、着こなし上手。いつもすべてがきちんとまとまっていました。スカーフの巻き方もおしゃれで、手品師みたいに器用な手つきで巻いていたものです。私が子どもの頃からアクセサリーに目がないのは、母譲りです。

母は自分のやりたいことがわかっていました。
自分をわかっていました。
それが私の記憶に焼きついている母の姿です。

自分のスタイルを持つうえで最も重要なのは、自分を知ることです。まずは自分の土台をしっかり作らなければなりません。

母はユーモアのセンスも抜群でした。はつらつとしていました。下ネタもへっちゃらでした。そして、仕事が好きでした。私が仕事大好き人間なのも母から受け継いだ資質なのでしょう。

母は私のセンスを褒めてくれました。私たちの好みは違っていましたが、母は私が自分軸の土台を作るのを助けてくれました。これはとても大切なことだと思います。

母が大学へ進学したことは、母と同世代の女性たちにとってはかなり珍しいことでした。大学卒業後、一時期はロースクールに籍を置いていました。私が生まれる前は不動産会社勤務。

世界中のあらゆるものが影響を与え合っている

私が11歳頃に、母は仕事に復帰します。大恐慌のさなか、クイーンズ区のロングアイランドシティにブティックを開いたのです。ショップで扱う商品は服とアクセサリー。服は安いものから高いものまで取り揃えており、アクセサリーの中にはすてきなデザインのコスチュームジュエリーもたくさんありました。あの大変厳しい時期にもかかわらず、母は見事な経営手腕を発揮します。私も母と一緒に、ブティックに来る女性たちが華やかに変身するお手伝いをしました。

イースターの日──あの不景気なときでも、5番街ではイースターパレードが行われていました──その日も母は仕事を休みませんでした。

↓ 珍しく母娘で服をシェア
私のコートを着ている母。このコートは永遠に母のものに。

62　　　　　IRIS APFEL　　　　COLORFUL

私がパレードに着ていく服がないと言うと、母はこう返しました。「25ドルあげるから、買い物に行ってらっしゃい。あなたがこれだと思うものを見つけてくるといいわ」

当時、25ドルの価値は決して低くありませんでした。もう90年以上も前のことです。使い方次第でしょうが、けっこういろいろなものが買えました。私は母と戦略を練ったあと、25ドルを握りしめて、ひとりでアストリアから地下鉄に乗ってマンハッタンへ向かいました。そのときの戦利品は、ドレスと靴とおしゃれなストローハットと白い手袋。買い物を終え、軽くランチをしてから家路につきます。食事をしても余裕で予算内におさまりました。美しいボタンとポエットスリーブがアクセントになったシルクのシャツドレスはひと目惚れでした。最初にのぞいたブティックで目に飛び込んできたとたん、これだと思ったのです―その一瞬後、心の声がささやきました。

「ちょっと待って。きっとママは何軒かお店を回ってから決めなさいと言うわ。最初に目についたものに飛びついてはだめよ」。私はしばし本当にこのシャツドレスでいいのか自問しました。

世界中のあらゆるものが影響を与え合っている

母、父、祖父——3人とも自分の意見をしっかり持っていました。
血は争えないということでしょう。私にもその性格は受け継がれています。

母は買い物上手でした。そして、値切り上手。当時、誰もがお金がなかったのです。母はアンティークの花瓶を蒐集していました。父のほうは無類のマーケット好きで旅行マニア。ヨーロッパにある全首都のチーズの値段を知っていて、ドイツ製品をたくさん買い集めていました——父はドイツにオフィスを構えていた時期もあります。ガラスと鏡を専門に扱う家族経営の会社で働いていました。父の作る鏡は美しいのひと言で、顧客も多く抱えていました。父は著名なインテリアデザイナーのもとで修業を積み、そこで身につけた知識や技術を私に教えてくれました。また、1920年代にバーヘップ貿易会社を設立し、ドイツから動物のぬいぐるみや楽器を輸入していました——信じられないほどかわいい人形やおもちゃも。私の両親はコレクターでした。その気質を、娘の私もしっかり受け継いでいます。

← 母の陶磁器コレクション

Dearest Honey,

Ever roaming, roaming on. On the train and off again. In one city and out again. Like a perpetual pendulum from one to the other but today dear is the 13th — and heavily well the other days pass till the 22nd and then one long voyage + home sweet home. Love to all

Sam

← 父が母に送った手紙

世界中のあらゆるものが影響を与え合っている

私は値段交渉をします。今も変わらず。
人生は常に前進するのと同じで、
これは必然的なことです。
値切るのがだんだんおもしろくなってきます。
あのスリルがたまりません。

どんなに疲れていても、宝探しのためなら、午前3時に起きます。そして、アンティークショップに一歩足を踏み入れるなり、一気に目が覚めます。気分がすぐれないときも、宝探しは元気回復に効果抜群。掘り出し物を見つける過程がたまらなく好きです。がらくたの山に隠れた宝物を発見する瞬間を想像するだけでわくわくします。

初めて宝物を見つけた場所はグリニッジヴィレッジ。11歳か12歳のときでした。私にとって、アンティークショップは子どもの頃から魅惑の空間でした。宝物を探し回っているだけで幸せな気分になります。その人生初の宝物は、外壁に非常階段がついている古いファッションビルの地下にある小さな店に眠っていました。あのアラジンの洞窟のような骨董店を一生忘れないでしょう。そこには小柄な男性がいました。名前はミスター・ダラス。初めて会ったときの彼の態度はそっけないものでした。服はよれよれ。それでもエレガント。ゲートルをはき、片眼鏡をつけていました。ミスター・ダラスは私のことをおもしろい子だと思ったみたいです。いつも私を小さな伯爵夫人のように扱ってくれて、店内を自由に歩き回らせてくれました。きっと彼はそれまでがらくたの山に興味津々な子どもを見たことがなかったんじゃないかしら。知り合うにつれて、彼がとても親切なことに気づきました。

↓　斬新で大胆なリング探し

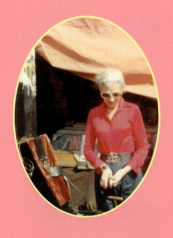

そうこうするうちに、ラインストーンがちりばめられたレースのブローチが私の目に留まります。見た瞬間にすてきだと思いました。喉から手が出るほど欲しいけれど、お金が足りない。あんなに頑張ってお小遣いを貯めたのに。私はミスター・ダラスに値引きをお願いしました。そして、最終的にそのブローチを65セントで手に入れたのです。あのときの彼とのやりとりは子どもながらにぞくぞくしました。

私はアンティークもヴィンテージも現代のものも持っています。美しいものはすべて好き。いつ作られたかなんて気にしません。そんなことはどうでもいいのです。スタイルはお金では買えません。おしゃれな人というのは着回し上手で独創性に富んでいる人のことだ、と私は常日頃から思っています。第二次世界大戦後のヨーロッパでは常識です。

クリエイティブなおしゃれは
平凡な日常をきらきらした時間に変えてくれます。

ないものねだりをする人や、自分の選択に自信を持てない人に出会うと残念でなりません。コレクションは非常にプライベートなものです。

私はこの自分だけの世界を何年もかけてゆっくりと創りあげてきました。別に誰かに見せびらかしたくていろいろなものを集めているわけではありません。自分が好きなものを、ただ集めているだけです。すべてのものには必ず秘められた物語があります。その背景にも興味を引かれます。

私にも何もわかっていないときがありました。戦争が終わってすぐの頃なので、もう何十年も前の話です。カール♡と私は初めてパリへ行きました。そこでアンティーク・ディーラーに「朝早く行きなさい」と言われました。彼はさらに付け加えます。4時20分には現地に着いていること。懐中電灯を持っていくのも忘れずに。早朝の空気はいつも冷たく湿っていて陰鬱でした。それでも、しばらくのあいだ、私たちはディーラーから言われたとおりにしていました。ところがある日、突然カール♡が切りだします。

「まったくばかげている。きみは他人と同じものが欲しいわけではないはずだ。いつもきみは自分の気に入ったものしか買わないと言っているじゃないか。ベイビー、きみの好みにぴったり合うものがあるとしたら、それは朝の11時にならないとここに並ばないよ」

その日を境に、私たちは掘り出し物を探しに行く時間を11時に変更しました——そう、カールの言うとおりでした。

← 準備OK

↓どのメガネが一番すてきかしら……

世界中のあらゆるものが影響を与え合っている

買い物をするなら、蚤の市に勝る場所はありません。でも、昔と比べたら、蚤の市もずいぶん少なくなりました。それがなんとも寂しいです。蚤の市にはいつも好奇心をかきたてられます。カールとロンドンに滞在していたときは、毎日のように足を運んだものです。

私の蒐集癖は、まだほんの子どもの頃からもう始まっていました。初コレクションはメガネフレームです。

そういうわけで、蚤の市に出かけるたび、メガネフレームばかり探していました――当時はとても安かったです。子どもの私にはメガネなどまったく必要なかったけれど、おしゃれなアクセサリーのような感覚で集めていました。

↑ パリの蚤の市で宝探し

メガネフレーム・コレクションは

今ではもう数えきれないくらい

ふくれあがっています

—— 大きければ大きいほど、

派手なら派手なほど好き。

わざわざメガネを
かけるなら……

派手にいかなきゃ。

そして、メガネは
少し重量感のあるものの
ほうがいい。

これが私と言えるものを身につければ、

↓プッシーキャットの新作デザインはどんな感じ？
私のゼニ・オプティカル・コレクションをいくつか紹介します。（商品名になっている）プッシーキャット（私のかわいい子猫ちゃん）は私の生涯最愛の人、夫カールの愛称。彼も私と同じようにインパクトのあるメガネが好きでした。またそれがよく似合うんです。セルリアンブルーのメガネは彼からインスピレーションを得ました。

自分らしくいられる。

世界中のあらゆるものが影響を与え合っている

その目で見ようとすれば、
インスピレーションは
あらゆるところにあります。

インスピレーションは、ときには、ただ呼吸するだけでも得られるのです!

実は、これは冗談でもなんでもなく、私は自分を鏡だと思っています。きっとただ単に、目に映るものに敏感なのでしょう。

でも、人の真似はしません。違うからこそいい。そういう考え方が好きです。

では、そろそろ次の話に移りましょう。その前に少し考えをまとめます。

すべてのものに

物語があります。

世界中のあらゆるものが影響を与え合っている

IRIS APFEL　　　COLORFUL

友人でもありデザイナーでもある

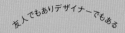

アイリスは唯一無二の存在です。彼女はファッションアイコンであり、ファッションクリエイターでもあります。誰よりも色の組み合わせや生地の種類に精通している、それがアイリスなのです。

彼女は自分に正直に生きています。そんな彼女のライフスタイルはあらゆる業界の人々に影響を与え続けてきました。アイリスは自分の軸をしっかり持った女性です。そのぶれない生き方はファッションやアートの世界に刺激をもたらしてくれます。私たちは誰もがアイリスと一緒に仕事をするたびに創造力をかきたてられるのです。

トミー・ヒルフィガー

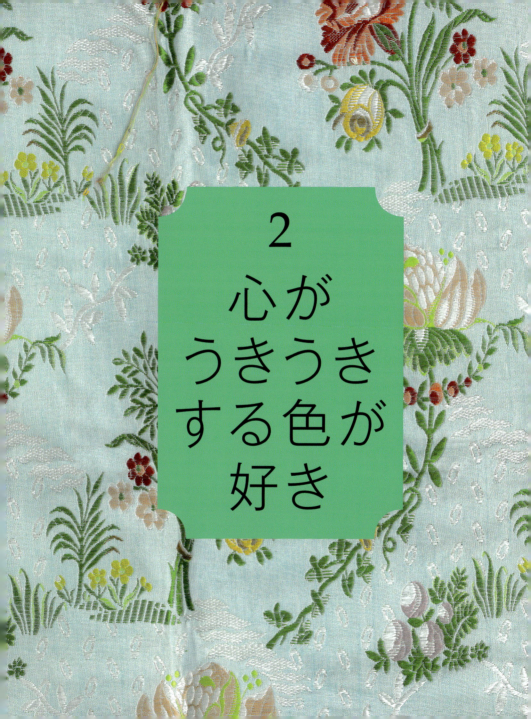

2
心が
うきうき
する色が
好き

色の力

私は原色大好き人間です。カラフルな色に自然と引き寄せられるのです。これまで"中間色"人間だったことは一度もありません。パステルカラー人間だったことも。やわらかい色は私を落ち着かない気分にさせます。

ゼニ・オプティカル
ルーヴェン・アファナドール撮影
2021年

魅惑のエメラルドグリーン。

私は母のようにはなれません。母の着こなしは一分の隙もなかったので。まさに、朝起きた直後から、シカゴ・コイン社のジャズバンドボックス〔動くフィギュア付きのジュークボックス〕から抜け出てきたみたいに見えました。母はワーキングガールでしたが、ゴージャスで華やかでした。

母はいつも完璧でした。とても上品でエレガント。私には絶対に無理。10代の野暮ったい少女の私はよく自己嫌悪に陥りました。

通りを歩く誰もが振り返って母を見たものです。誰ひとりとして私には見向きもしません。母は私よりはるかに自己管理能力の高い人でした。とはいえ、自分という人間に満足しなければならないと、私は思春期の早い段階で学びました。

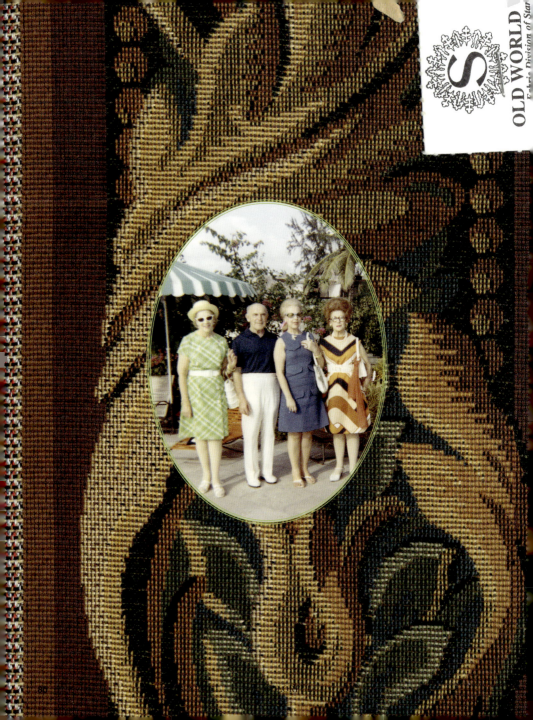

亡き母に思いを馳せるときはいつも、
アパートメントの飾りつけをしている姿が
目に浮かびます。
その室内を彩る色は、
決まって暖かい茶色、深い赤、濃い緑。
秋の色です。

とはいえ、母は私が明るい色で飾りつけをした部屋も気に入ってくれました。「さすが私の娘!」そんなうれしそうな母の声が今も聞こえます。一方、父に関しては記憶を手繰り寄せても、特にこれといった色を思い出せません。父は服装に無頓着でした。でも、不思議なことに、なぜかいつもすてきでした——きっと生まれつきセンスがよかったのでしょう。スーツを着た父の姿は女性たちの目を釘づけにしたものです。でも、父は母ひと筋でした。

← 父と母
1930年代、おめかししたふたり
(前頁)1970年代、友人と一緒に記念撮影(一番右にいる母はオレンジ系のワンピース姿)

心がうきうきする色が好き 87

カール♡

太陽のような彼

夫は色を身につけている私が好きでした。彼も自分自身を色で彩りました。頭のてっぺんから足の爪先まで――ネクタイも、ソックスも、全身至るところカラフルでした。

いつも口にしていますが、私は心がうきうきする色が好きです。子どものときは何色が一番好きだったのかしら？ 思い出せません。ただ色が大好きでした。要はそういうことです。子どものアイリスが好きだった色は大人のアイリスも大好きです。

子どものアイリスは今も心の中にいます。
私はその小さな女の子の声に耳を傾けます。

You bring us many happy hours,
Your smile — your stare, your baby way

To: — Little Dub — E — Da.

あなたの笑顔、あなたのまなざし、あなたの愛くるしい仕草
私たちはあなたからたくさんの幸せをもらいました。
おばあちゃん、ビュー、パパより

IRIS APFEL　　　COLORFUL

いつも仲よし

← 歳月は流れていく
↓ ニューヨーク、アストリア。15歳頃の私

心がうきうきする色が好き

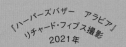

『ハーパーズ バザー アラビア』
リチャード・フィブス撮影
2021年

ハッピーカラーとは？ ひと言でいえば、それは色調で決まります――私の場合、クリア（鮮やか）、ピュア（澄んでいる）、ブライト（明るい）の3つの色調で身の回りを彩っています。これまで何度も口にしてきましたが、私は嫌いな色を目にしたことがありません。でも、嫌いな色調はあります――暗く濁った色調は絶対に避けます。だって、パワーを感じないんですもの。元気を与えてくれる明るい色調でなければ、私には合いません。

明るい色のほうが好き。エネルギーを秘めているから。パワーストーンのように。

心がうきうきする色が好き

『ロンドン・イブニング・スタンダード』紙
トーマス・ホワイトサイド撮影
2012年

色は
とても
重要

色には
死者をも
蘇らせる
力がある。

私のウエディングドレスはピンクでした。スカートがふんわりと広がるケープ付きのストラップレスドレス。レースもあしらわれていました。自分でデザインを考え、母の知り合いのクチュリエに仕立ててもらいました。私はとても合理的な人間なので、結婚式のあとにクローゼットの奥にただ眠らせておくのではなく、のちのちフォーマルな場で着られるドレスが欲しかったのです。このドレスは今でも手元にあります。揃いの淡いピンクのサテンの靴も。投資価値のある定番アイテムという言葉がありますが、上質な服は長持ちするものです。流行は繰り返す。長いあいだ着る機会がなかったとしても、また流行るときが来るでしょう。

現実と向き合いましょう。
ときに人生は退屈なものです。
だから明るい色の服で着飾って、
ちょっぴり楽しんだほうがいい。

まるで太陽みたいな装いのカール →

黒一色では味気ない感じがします。子どもの頃、日曜日になるとしょっちゅうハーレム〔ニューヨーク市マンハッタンの北に位置する地域〕に遊びに行き、そこに住む女性たちが教会へ向かう姿を眺めていました。彼女たちは本物のスタイルを持っていて、まさに、すてきのひと言でした。あの女性たちのようなスタイルはもうあまり見ることはないでしょう。

でも、黒も……私のハッピーカラーと組み合わせたら……あら不思議！　またたく間にシックで気品をたたえた装いに変わります。母はよく言っていました。上質な素材のシンプルな黒いドレスが一着あれば、それに手持ちのアクセサリーをいろいろ組み合わせると27通りの着こなしを楽しめると。

人生がつまらないと感じたら、思いきって派手な色を取り入れてみましょう。

黒を着る場合、私は反対色を合わせます。とりわけピュアホワイトは大のお気に入り。黒と白の組み合わせは極めてエレガントな雰囲気を演出します。そのうえ、時代や流行にも左右されません。普遍的なスタイルというのはシンプルであり、あらゆる場面で安心感をもたらします。

いろいろな色を
使ってみると
気分が上がる。

IRIS APFEL　　COLORFUL

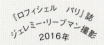

『ロフィシェル パリ』誌
ジェレミー・リーブマン撮影
2016年

ラディアントバイオレットに
カナリーイエローかライムグリーンを
合わせる。
ビビッドなターコイズブルーに
サンセットオレンジかチャイニーズレッド、
あるいはエメラルドグリーンを合わせる。
こういった組み合わせは
いつも私の気持ちを盛り立ててくれます。
物事を先延ばしにしているときなどに
やる気を起こさせてくれるのです。
たとえば、ベッドから出られないときに。
こうした色使いから、
ユーモアが感じられます。

ときに天然色(テクニカラー)の装いほど
心躍るものはない。

私は100歳の誕生日を迎えた朝の光景を決して忘れないでしょう。
目を覚ますと、なんと室内が何百ものカラフルな風船で埋もれていたのです。いつも身の回りの世話をしてくれる若い魅力的な女性ふたりが、一夜にして私のアパートメントの雰囲気を一変させました――まるでジェリービーンズの入った瓶の中にいるようでもあり、魔法の風船の森に迷い込んだようでもありました。美しい色の洪水に、ただただ圧倒されたのです。

心がうきうきする色が好き

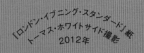

「ロンドン・イブニング・スタンダード」紙
トーマス・ホワイトサイド撮影
2012年

満足感を
与えてくれる色

心がうきうきする色が好き

色には強い力があります。なぜなら、心が動かされるから。

赤は勇気の色。限りなく明るい赤は私の一番好きなリップスティックの色。次は、ホットピンク。明るい赤のリップスティックは最低限の上品さを保ち、そして最大限の印象を与えます。マン・レイはこんなふうに言っています。

「勇敢な心を持ち続けていれば 活力や威厳を発揮できる」

大好きな言葉です。

とはいえ、赤ならなんでもいいというわけではありません。私はオレンジがかった赤が好きです——サンセットオレンジ寄りの赤が。そう、これが私を元気づけてくれる色。青みを帯びた赤ではそうはいきません。

人生で初めて購入したファッションアイテムの中で高価なもののひとつは、ランバンの、オレンジレッドで大きな円形章(コケード)のついたコートでした。パリの蚤の市に並ぶ"店"で見つけたものです。そのとき、黒いサテンのケープも一緒に買いました。値段については恥ずかしいので、ここでは伏せておきましょう。まあ、時代が違いますから。私たちはすぐにパリを離れることになっていましたが、その店の人が船に商品が届くよう手配してくれました。「マダム、何も問題ないわ。あなたたちがカンヌに着く頃には、客室に届いているはずよ」。チャーミングな店員の言うとおり、シルクのリボンが結ばれたゴージャスな箱が届いていました。わくわくが止まらなかったわ!

106 IRIS APFEL COLORFUL

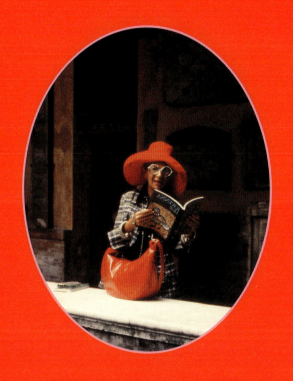

心がうきうきする色が好き

ブライトレッドとターコイズブルーは冒険の色。この2色は私を冒険している気分にさせてくれます。ミリセント・ロジャースは、不揃いな形の天然石で作られた大ぶりで重量感のあるターコイズ（トルコ石）のネックレスを所有していました。その圧倒的な見事さに、私は強い衝撃を受けたものです。よく私はターコイズブルーを身につけます。人生で起きた多くの出来事を思い出すから――カールと一緒に行った休暇旅行の数々を――こういった思い出が私を元気づけてくれます。どうかすると、全身ターコイズブルーのときもあるくらいです。

ゼニ・オプティカル
ルーヴェン・アファナドール撮影
2021年

私のH&Mコレクションの中に、きれいなターコイズブルーとグリーンのスーツがありました。白い小さな粒の豆が並んだサヤエンドウの刺繍が施された、発色の美しいジャガードスーツ。お気に入りの一着でした。このスーツはオートクチュールを身にまとっているような気分にさせてくれます。私はこれにファンタスティックオレンジとグリーンのネックレスとともに、ブローチとしても使えるエメラルドグリーンのカエルのペンダントを合わせました。ちょっぴりどぎついながら、何かと用途の広いスーツでした。エメラルドグリーンは、私にとって心地のよい色です。

『ハーパーズバザー アラビア』
リチャード・フィブス撮影
2021年

←2021年、ニューヨーク
H&Mのスーツを着て

ティールブルーは忍耐の色。ソフトブルーはやすらぎの色。海を眺めたり、太陽がのぼる空や沈む空を見あげたりしているときの静かな気持ちを表す色。

デニムブルーは意志の色。これはあくまで私個人の意見。おそらく、私はアメリカで初めてブルージーンズをはいた女性のひとりなんじゃないかしら。それはもう数えきれないほど何本も持っているくらいジーンズをこよなく愛する者として、インディゴブルーに100パーセントこの身を捧げます。ジーンズは創造性をふくらませるキャンバスです。

バイオレットは休暇や花々、そして……さよならの色。

天気は変化する色
美しく、心地よく、涼しい風

↓ カールと。人生はホリデー

← パームビーチにあるエスティ・ローダー宅
1930年、ハワード・メイジャー設計。ルイ16世様式。

　私は大ぶりな帽子に目がありません。次のページの写真はカプリ島で撮ったものです。カプリ島はすばらしいリゾート地でした。私たちが地中海で休暇を過ごすときは、必ずこの島に立ち寄ったものです。ここでたくさんの服を作りました。当時、定宿にしていたグランドホテル・クィシサーナ（クィシサーナは「癒しの場」を意味する）の近くの通りで腕のいい仕立屋を見つけたのです。

　私はグリーンとピンクの組み合わせが好きです。思わずダンスに行きたくなります。そして、ピンクのリップスティックをつけると、会う人みんなにキスをしたくなります。

心がうきうきする色が好き　　　　　　　　113

あなたの生きる活力はなんですか?

私は自分のスタイルをどこで手に入れたのかしら？きっともともと持っていたものが、ゆっくりと時間をかけて確立していったのだと思います。私は身体装飾と空間装飾を同じものと見なしています。

色を着るのが好きなら、色とともに生きたらどう？

私の服の好みを「変わっている」とか「奇抜だ」とか思う人もいるかもしれません。でも、私は人の注目を集めるために服を着ているわけではありません。自分のために着ているのです。奇抜だけれど計算されている装い。それが私です。昔から年代物の服が好きでした。自分に一番しっくりくる気がするからです。とはいえ、ミックススタイルも好きです。気の向くまま、高級な服とリーズナブルな服を組み合わせて楽しんでいます。自分の気持ちに正直になることに尽きます。

何か違う。なんだか舞台衣装でも着ているみたい。そんなふうに感じる場合は、潔くその服をあきらめましょう。一度悩んでしまったら最後、泥沼から抜け出せなくなります。ハッピーになれる服を着ましょう。自分らしさを感じない服を着ても落ち着かないだけです。鏡に映る自分が他人に見えてもうれしくないでしょう？

「服を選ぶときに最も気をつけていることは？」よく訊かれる質問です。そのたびに、

それを着る人間を信じなさい、と答えます。

IRIS APFEL　　　COLORFUL

↑ 大きな帽子でしょう?

心がうきうきする色が好き

ときには私もロマンティックな服を着ます。メロウジャズのような、やわらかい雰囲気の服を。エッジの利いた服も。そのときの気分に合う服も着ます。もうとっくに気づいていると思いますが、私はちっともミニマリストではありません。多ければ多いほどいい。少ないことは退屈。私の信条です。

好きな服を着ましょう!
他人と同じような服を着なければ、
他人と同じような考えにはなりません。

実際、私はベーシックな形の服も、奇抜なカットの服も好きです。ただし、全体的なスタイルは目立って、大胆で、派手なものでなければなりません。服は私が感じていることを目に見える形で表現するものだから。挑戦的で、はつらつとした気分を。そこにポップカラーのアクセサリーを付け加えます。たしかに、ファッションなんて面倒くさいと言う人もいます。でも、おしゃれな着こなしを見て不快な気持ちになる人はいません。

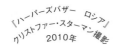

『ハーパーズバザー ロシア』
クリストファー・スターマン撮影
2010年

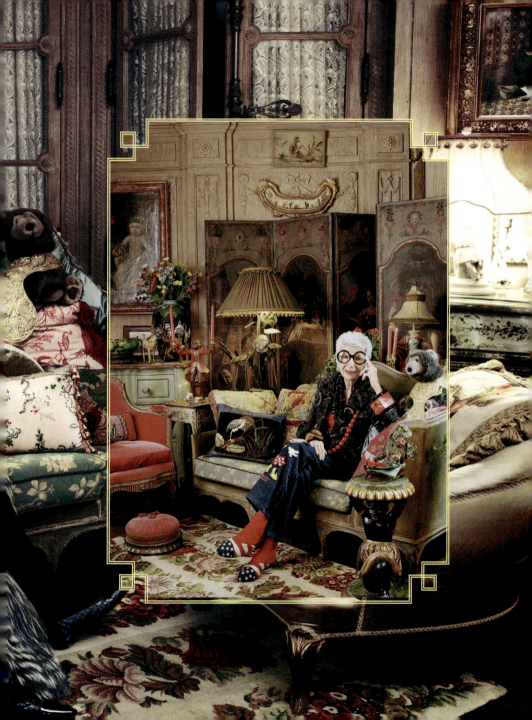

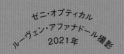
ゼニ・オプティカル
ルーヴェン・アファナドール撮影
2021年

ショッピングに関する限り、私は救いようのないロマンティストです。色が、模様が、私に話しかけてきます。

私は手に取ったファブリックの声にじっと耳を傾けている、とカールがよく言っていました。ファブリックは私に物語を聞かせてくれます。歌を歌ってくれます。何も聞こえてこないファブリックは買いません。見たとたん、思わずひと目惚れしてしまったり、雷に打たれたみたいな感覚に陥ってしまったりする商品があります。そんな瞬間のぞくぞくする感じがたまらなく好き!

アクセサリーを選ぶときに、私のように耳を傾けるのもひとつの手ですが、自分の好みに合わせてオリジナルのアクセサリーを作ってもいいでしょう。これは大恐慌時代にこれ以上ないほどの不景気を味わった身としてのアドバイスですが、今でも充分に有効だと思います。

カールと私は織物工場を探して世界中を飛び回ったものです。旅は新しい発見に出会うすばらしい機会を与えてくれました。ヨーロッパには年に2回、いつもオートクチュール・コレクションが開催される時期に合わせて行きました。ちょうど工場のオフィスもパリにあったのです。そういうわけで、私たちはフランスに詳しくなりました。

旅のおかげで私の人生は
カラフルなタペストリーみたいに
なりました。

旅行で訪れた土地はどこも好き。とりわけイスタンブールには思い入れが強いです……探していた色を目にして、「エウレカ！〔ギリシア語で「見つけた」の意味〕」と叫びたくなるような瞬間を味わったから。香辛料を思わせる暖かみのある色彩や上質な衣類など、心躍るものであふれ返る活気に満ちたグランドバザールの色だけではありません。父と一緒に初めて船でボスポラス海峡を渡ってイスタンブールに来たときの、紺碧の空の色も印象に残っています。新婚時代、春の朝にカールと西イタリアの港から船旅をしてイスタンブールに入り、ふたりでイルカと泳いだときの澄んだ青い海の色も。トルコタオルの発祥地として知られるブルサの温泉では、石鹸とボディタオルを入れるために渡された金色に輝くブリキ缶に一瞬で心を奪われました。その缶は今も取ってあって、ハンドバッグとして使っています。

ロンドンも外せません。香港も、ベルリンも。神秘的な魅力を感じた国はアイルランド——1958年に、私たちは船でアンティークの買い付けに行きました。アムステルダムで印象深かったのは水上のフラワーマーケット！ バルセロナの緑豊かな自然、曲がりくねった細い道、シルバーアクセサリーは、今も脳裏に焼きついています。もちろん、至るところにあふれていたアントニオ・ガウディ——色と変わったものを愛する仲間——の色彩も印象に残っています。

いろいろな意味で、目を見張るほどすばらしかったのはメキシコシティ。特に、建造物——フリーダ・カーロとディエゴ・リベラの家には衝撃を受けました。あの明るく、大胆で、鮮やかな色。唯一無二の色彩を目の当たりにすることができて夢のようでした。

イタリアは何年もかけて隅々まで見て回りました。そこから船で北アフリカへ行ったこともあります。本当にすばらしい冒険の数々。カゼルタ、ヴェネツィア、ミラノ、カプリ島。すべての路地は鮮やかなボタンと淡いレースであふれていました。ローマの食堂で食べた、小さな皿にのった真っ赤に熟したトマト、ドーリア・パンフィーリ宮殿のオレンジの木が植えられた中庭、ナポリのバールでエスプレッソを給仕してくれた少年の糊の利いた真っ白なエプロンとオリーブ色の瞳が目に浮かびます。ヴェネツィアのイスラム様式の建造物も、シエナのパリオ（年に2回開催される伝統行事）も、中世から脈々と続くカンポ広場の競馬レースも。イタリアは私たち夫婦にとって特別な場所でした。

心がうきうきする色が好き

それでも、私が狂おしいほど恋をした場所は、北アフリカと中東でした。この2カ所は世界中のどの場所よりも私の五感を目覚めさせ、心を激しく揺さぶったものです。ひょっとしたら、私は"スーク・スピリット"を持って生まれたのかもしれません。ベイルートとチュニスはパリと同じくらい魅惑的でした。当時、私たちアメリカ人はどちらも世界中で最もエレガントな都市だと思っていました。実際、そのとおりでした。

にぎやかな喧騒にあふれる街、ナポリ。恋に落ちた北アフリカの街と同じように、ナポリもアイデアの宝庫でした。思いもよらぬ感動に出会える場所が好きなので、またスーク巡りをしたいですね。北アフリカと中東にも行きたい。これが今の私の夢です。いずれの場所も、色彩が洗練されています。いつも色彩豊かなものに引き寄せられるのです。

これまで訪れた中で最も色彩豊かな場所は、モロッコのタンジェです。初めてこの街を訪れたとき、船から降りたとたん、きらきら輝く木々の緑が目に飛び込んできました。あの燦然とした美しい光景は一生忘れないでしょう。街を彩る鮮やかな色も、優しい人々も、楽しいパーティも、白と金色のドレスも。本当に濃厚な経験でした。

旅先では、どこを歩いていても、知らず知らずのうちにいつもカールと私は興味深い場所に足を踏み入れていました。チュニスの郊外にある、断崖の上の小さな町、シディ・ブ・サイドを訪れたときもそう。偶然、私たちは広場で行われる町長のお嬢さんの結婚式に招待されたのです。結婚式は深夜に始まり、広場には町中の人が集まっているようでした。シディ・ブ・サイドはカプリ島のミニチュア版といった感じで、すぐに私はこの町を好きになりました。立ち並ぶ家はすべて白壁に青いドアと窓枠。石畳の通りには色鮮やかな花が植えられていました。

心がうきうきする色が好き　　125

クレタ島ではこんなこともありました。カールと土手で乾燥中のブドウを眺めていたとき、そこの農園の人に誘われ、彼らと一緒に糸杉の木の下でランチを食べたのです。アイルランドでは、年配の紳士に美しい茅葺き屋根の写真を撮ってもいいか尋ねたところ、その男性の家に招かれて、すてきなアンティークの暖炉のそばでお茶をごちそうになりました。シエナでは、パリオの前夜に開かれた夕食会に主賓として招待されました。モロッコでは、伝統的な結婚式の行列の先頭を歩く銀の装飾をつけた白馬を立ち止まって眺めていたら、その結婚披露パーティに正式に招待されました。

私たちは現地の言葉を話せませんでしたが、

何も問題がないように思えました。

友人でもありフォトグラファーでもある

Ruvén Afanador

まだ駆け出しのフォトグラファーだった頃の私は、無彩色の世界を表現することにこだわっていました。被写体をモノクロームで撮るとドラマチックでミステリアスな雰囲気を醸し出せるからです。そうしたモノクロ写真には、アーヴィング・ペン、リチャード・アヴェドン、マルティン・チャンビといった尊敬する写真家の作品へのオマージュの意味も込められていました。でも、メキシコやインドや南米に何度も足を運ぶうちに、徐々に色というものをこれまでとは違った目で見るようになっていったのです。その結果、自分の築きあげた白黒の世界を色のついた世界へと変える方法を模索し始めました。アイリス・アプフェルの存在を知ったのはちょうどその頃です。彼女の大胆不敵なカラーコーディネートは印象に残ると同時に興味をかきたてられました。まるでオーケストラを見事にひとつにまとめる名指揮者のように、アイリスは思いもかけない色と色を組み合わせて彼女だけの虹を創りあげるのです。やがて時が経ち、アイリスを初めて撮影する機会が訪れました。彼女の服とアクセサリーの合わせ方を間近で見られたのは幸運でした。アイリスは直感で色を選びます。その組み合わせは非常に洗練されています。これは生まれ持った才能です。一方、全身からあふれる自信は生き方を通して培われ、センスは人生の過程で美しいものを見たり触れたりしながら磨かれていったのでしょう。アイリスと知り合えたこと、彼女から学べたことを光栄に思います。これから私は自分独自の色を取り入れてアイリスを撮影します。彼女に敬意を込めて。

ルーヴェン・アファナドール

3
大胆さと遊び心を

遊び心

人生がパーティだとしたら、それを開くのは人です。きっとその人は会場をきらびやかに飾りつけたり、すばらしい料理を準備したりしてパーティを盛りあげようとするでしょう。でも、ゲストに楽しんでもらえなかったら、それまでの頑張りはすべて水泡に帰します。好奇心が旺盛な人や、ユーモアのセンスがある人は、得てして友だちを作るのが上手です。好奇心とユーモア。これは私が生まれ持ったギフトですし——本気でそう思っているわ——友だちになる人にも、私はこのふたつを求めます。

《南ドイツ新聞》
アンドレアス・ラズロ撮影
2011年

思いきり笑いましょう! それは幸せなことです。

大胆さと遊び心をいつも忘れずに

すべての人にすてきな人生を過ごしてほしいと思います。私は人を笑わせるのが大好きです。笑顔を向けられたら、こちらも楽しい気分になるでしょう。私はいつもハッピーでいたい。そうなれるように、できるだけどんなことでもおもしろがろうとしています。だから、心がうきうきする色が好きなのかもしれません。

私を楽しませるのは簡単。
あらゆるものに楽しみとユーモアを見出したいから。

賢く楽しむには、快楽を追求してはいけません（私はキャビアが大好物でしたが――あれほどおいしいものはないわ――食べるのをやめました。カールが塩分を制限しなければならなくなったから。だけど、今でもときどきキャビアが夢に出てきます）。

この世界から今よりもずっと残酷さや冷酷さを減らすことはできる、と心から信じています。そのためには、多くの人が自分の子ども時代を思い出せばいいのです。自分の中の子ども（インナーチャイルド）の声に耳を傾ければいいのです。重要なのは、その子どもの部分を葬らずに一緒に生きていくことです。そうすれば、今までと違う考え方ができるようになるでしょう。

大胆さと遊び心をいつも忘れずに

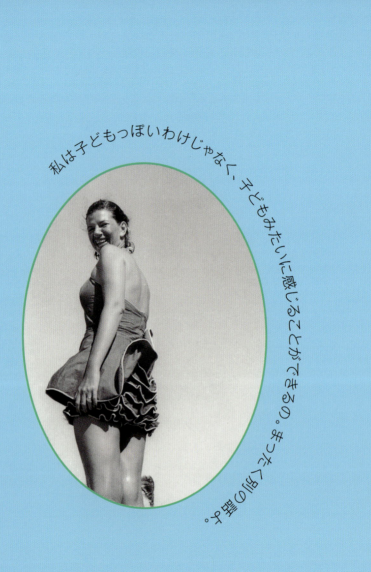

私は子どもっぽいわけじゃなく、子どもみたいに感じることができるの。まったく別の話。

136 IRIS APFEL COLORFUL

私の夫、カールも同じ考えの持ち主でした。だから、私たちは惹かれ合ったのです！ カールとはジョージ湖で出会いました。友人と私はこの休暇のためにお金を貯めていました。私は最初の職場にいた頃で、初めて自分で稼いだお金で遊びに来ていました。カールは友人に、私は鼻を整形したら、とても魅力的になると言ったそうです。私は友人にこう伝えてもらいました。「彼にいいクリニックを教えてと言ってちょうだい。それから整形するかどうか決めるわ」

嫌味なことを言っていたわりには、カールは友人に私の好みやニューヨークに戻ってからの連絡先を訊いていました。数週間後、仕事から帰宅すると電話がずっと鳴っていました。カールからでした。そのときこう言われたのです。

「今日、きみが着ていた服はとてもよかったよ」

彼は私の帽子とスーツを褒めてくれました。私はこう返しました。「どこで見ていたの？ まさか私のクローゼットに隠れていたの？」

その日、たまたまカールは5番街にいました。商談の帰りに乗ったバスが突然エンストを起こして、ボンウィット・テラー（現在のトランプ・タワーの所在地）の真ん前で止まったのです。彼はそのまま座席に座って整備業者が来るのを待っていました。ちょうどそのとき、私も母と友人のアーサー・イングランダーと5番街にいました。アーサーはダラスに本店を置くニーマン・マーカスのオートクチュール担当のバイヤーでした。私の母の熱狂的なファンで、ニューヨークに来たときはしょっちゅう母のアパートメントに滞在していました。私たちはプラザホテルでランチをとり、そのあとアーサーが歩いて私を職場まで送ってくれるこ

大胆さと遊び心をいつも忘れずに　　137

とになりました。ところが、ボンウィット・テラーの前を通り過ぎようとしたとき、急にアーサーと母が立ち止まり、ショーウィンドウに飾られた服について話し始めたのです。

カールは私をデートに誘いました。私は「ノー」と答えました——9月の出来事です。その頃の私はボーイフレンドがたくさんいて、結婚したいとも思っていませんでした。毎日がとても楽しかったから。おまけに、カールにデートに誘われるときは、決まって私の仕事が忙しく、都合が合いませんでした。10月に入り、私たちは初めてふたりで会うことになります。コロンブス・デーの夕方に。その日は私のルームメイトの結婚式でしたが、夕方以降の予定はなかったのです。

ルームメイトは私を彼女の男友だちに会わせたがっていました。「私の友だちにチャーミングな男性がいるの。彼はとても紳士よ。一度会ってみない?」彼女から何カ月も誘われ続けましたが、そのたびに断っていました。それまでブラインドデートをしたことがなかったからです。とはいえ結局、私たちはルームメイトの結婚式で顔を合わせます。彼から結婚式が終わったら一緒に食事でもしようと誘われました。でも、すでに私は夕方の6時にウォルドーフ・アストリアでディナーデートをする約束をしていました。ちなみに、ウォルドーフ・アストリアは式場の通りを挟んだ真向かいです。彼はデートの約束をすっぽかせばいいと言ってきました。午後中ずっと、それはもう何度も何度も。

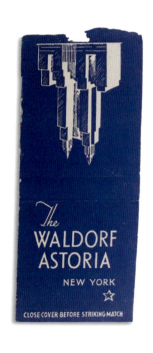

138　　　　　　　　IRIS APFEL　　　　COLORFUL

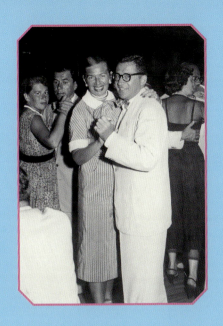

ついに私はそのしつこさに渋々ながら折れ、彼の食事の誘いを受けました。といっても、カールに断りの連絡は入れられません——今と違って携帯電話のない時代なので——そうこうしているうちに、6時になりました。時すでに遅し、です。

私は通りを走って渡り、カールに会いに行きました。そうして本当によかったと思っています。
彼はおもしろくて、クールで、チャーミングで、そして、思わず抱きしめたくなるほどかわいらしい男性でした。
おまけに、中華料理を作るのが上手。
彼以上の男性など望めません。

大胆さと遊び心をいつも忘れずに

すべての物事にはふさわしいタイミングがあります。

140　　　IRIS APFEL　　　COLORFUL

感謝祭の日に、私はカールからプロポーズされました。クリスマスには指輪をもらいます。そしてワシントン記念日に、私たちはウォルドーフ・アストリアで結婚式を挙げました。本当は式なんかやめて、駆け落ち婚をしたかった。もっといいお金の使い道があるでしょう。でも、両親と祖父母が結婚式を望んだのです。式自体は少人数とはいえ、とても豪華なものでした。ハネムーンはパームビーチへ。それからずっと私たちは毎日を休暇気分で過ごしました。

大胆さと遊び心をいつも忘れずに

年齢も
性別も
関係なく、
愛はプライスレス。

大胆さと遊び心をいつも忘れずに

ドキュメンタリー界の巨匠、アルバート・メイズルス監督が指揮をとる映画の話が持ちあがったとき、製作者側は私に「ファッション映画を撮りたいと思っていたけれど、ラブストーリーになりそうだ」と言いました。たしかにラブストーリーでした。私はこの人生でふたつのことに心から情熱を傾けてきました。仕事とカール。アンティークに関しては時代の先端を走っていると思われている私も、こと結婚に関しては古風な考えを持っています。68年間、カールと私はほとんどいつも一緒にいました。フレグランスまでも一緒。カールは100歳でこの世を去りました。101歳の誕生日を迎えるほんの少し前に。きっと彼も残念だったでしょうね。101歳になる日をそれは楽しみにしていましたから。

カールには何か特別なものがありました。ただ"それ"を持っていたのです。彼は正真正銘の紳士でした。とても思いやりがあり、寛大な人。彼はニューヨーク大学で広告学を学びました。

カールがスポットライトの光の中に私を押し込んでくれました。私が成功をおさめられたのは、すべて彼のおかげです。

インテリアデザイナーになりたてだった私の仕事場に、カールはカメラバッグを持ってやってきて、じっと観察していました。いわば私の専属パパラッチです。すぐそばに私を応援してくれる人がいたなんて、なんてラッキーなんでしょう。私が称賛されると、彼は私以上に喜んでくれました。カールは本当におもしろくて、途方もなくすばらしいユーモアセンスの持ち主でした。

↑1948年、パームビーチ。私たちのハネムーン

大胆さと遊び心をいつも忘れずに

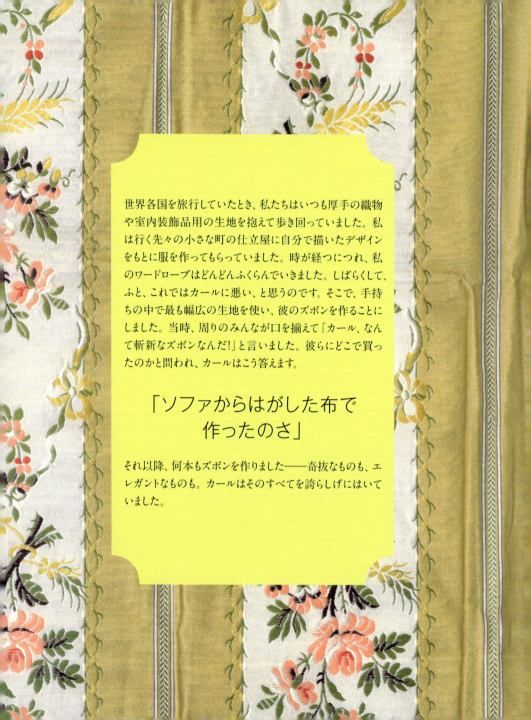

世界各国を旅行していたとき、私たちはいつも厚手の織物や室内装飾品用の生地を抱えて歩き回っていました。私は行く先々の小さな町の仕立屋に自分で描いたデザインをもとに服を作ってもらっていました。時が経つにつれ、私のワードローブはどんどんふくらんでいきました。しばらくして、ふと、これではカールに悪い、と思うのです。そこで、手持ちの中で最も幅広の生地を使い、彼のズボンを作ることにしました。当時、周りのみんなが口を揃えて「カール、なんて斬新なズボンなんだ!」と言いました。彼らにどこで買ったのかと問われ、カールはこう答えます。

「ソファからはがした布で作ったのさ」

それ以降、何本もズボンを作りました——奇抜なものも、エレガントなものも。カールはそのすべてを誇らしげにはいていました。

カールはよくそれらのズボンに帽子などを合わせて楽しんでいました。私はダブリンで夫に指輪を買ってあげたことがあります——たしか1950年代だったんじゃないかしら——宝石商から買った指輪を、その場の思いつきでカールの指にはめてみたのです。彼はその指輪を亡くなるまで片時も外しませんでした。もちろん、私たちも意見が合わないときがありました。唯一、蚤の市に行ったときに。

私たちは笑いに包まれた楽しい人生を過ごしました。忍耐とユーモア。このふたつが結婚生活で最も大切なものだと思います。束縛と嫉妬は百害あって一利なしです。カールは私が必要とするときにはいつもプライベートな空間を与えてくれました。クローゼットの中にも。

どんな状況でも、カールはユーモアを忘れません。ハロルド・コウダ——当時、メトロポリタン美術館の服飾研究所の首席キュレーター——と彼のチームが私の展覧会用の衣装を選ぶために、私たちのアパートメントに来たときのことは、今でもよく覚えています。大量の衣類があらゆる方向から次々に部屋になだれ込んできます。

私たちはその部屋の家具をすべて脇へ移動させなければなりませんでした。すると、カールは満面の笑みを浮かべ、自分は引き出しの中で寝るから大丈夫だと言ったのです。

大胆さと遊び心をいつも忘れずに

ふたりで事業を始めた頃は、サンプル生地でぱんぱんになった重いスーツケースを持って歩いていたものです。そこでカールはもっと楽に運べるようスーツケースにキャスターをつけることを思いつきました。私は冗談めかして言いました。これからもどんどん発明してね。そうしたら、私たちは一生楽に過ごせるわ。カールはその言葉にこう返しました。

「でも、多少不便でも、ふたりで楽しく過ごす人生のほうがいいな」

いかにも彼らしい言葉です。

今を生きる。これが私の人生観です——昨日は昨日。明日は明日の風が吹く。だから、今日を思いきり楽しみたい。

これは夫の口癖でした。

今日が人生最後の日だと思って毎日を生きよう。いつか必ずその日は来るのだから。

楽しみは自分で作りましょう。人を楽しませましょう。

誰もがほんの少しでいいから自由に創造力の翼を羽ばたかせてみたらいいんじゃないかしら……そうすることで、遊び心が持てるようになっていきます。

他人の目を気にするあまり、自分の着たい服が着られないと感じている人は非常に多いと思います。

でも、好きな服をとことん楽しむべきです。

自分の着たい服を着ている人は、いつも魅力的で輝いて見えます。そうすると気分がいいから——自分らしくいられるからです。

大胆さと遊び心をいつも忘れずに

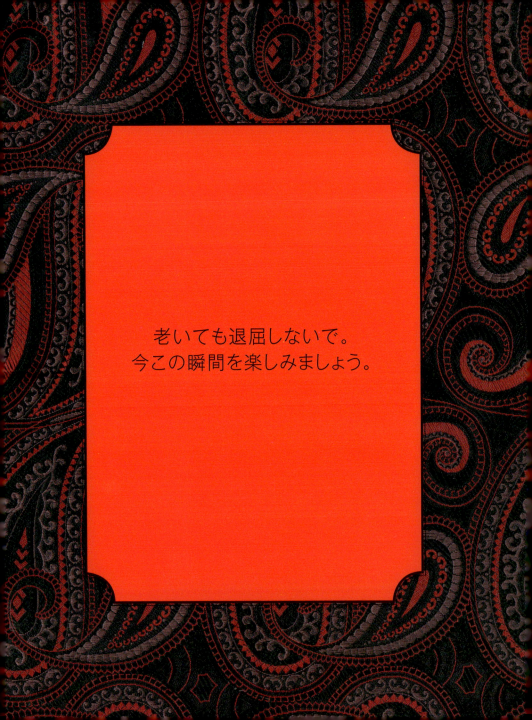

老いても退屈しないで。
今この瞬間を楽しみましょう。

鏡を見たとき、そこに映る人物はあなた自身であるべきです。他人のように見えるあなたではなく。

世界は均質化に向かっています。そして、ファッションは社会を映す鏡だと、私は思っています。ニューヨークでは、着ている服でその人の住んでいる場所がわかるときがあります。私はいつも個性的な服装をしている人を探します。ランタンを持って正直者を探し回ったディオゲネスのように。"トレンドレス"な時代がなつかしく思い出されます。流行なんかに左右されなかった時代が。私は90代になってもまだノーマン・ノレルの美しい黒のドレスを着ていました。カールとの初デートで着ていたものです。人それぞれの個性があります。それを隠すのではなく、どんどん表に出すべきです。私のクローゼットには喜びが詰まっています。本来、クローゼットはそういうものでなければならないのです。

私は過程を楽しみます。その時間が何よりも好きです。

出席する予定のイベントがあるとしたら、その場所で過ごす時間よりも、そのための準備に時間をかけるでしょう。必要なものをあちこち探し回るのが好きですし、案外それが自分のクローゼットの中で見つかったりするのも楽しいものです。

とはいえ、前日と同じ服をそのまま身につけるときもあります。すでに上から下までコーディネー

大胆さと遊び心をいつも忘れずに

トされていますから。その服に大急ぎで着替え、ほうきに乗り、目的地に向かって飛び立つ。それもまた悪くありません。

声を出して笑いましょう。ユーモアのセンスがあり、子どものような好奇心を持ち続けていたら、初めて話をする人や初めて見るものを広い心で受け止められるでしょう。いつでも冒険に踏み出すことができるはずです。

1日1回の笑いで医者いらず。

私の
愛する
もの……

秀逸なジョーク。

子犬。動物たち（友人たちはよく私が着るような服をそっくり真似て、おめかしした自分たちのペットの写真を送ってくれます——その写真を眺めているだけで、笑いが込みあげてくるわ）。

オーナメント。

ぬいぐるみ、動物園。このふたつは私の心の恋人。いつまでも大好き。

ニーハイブーツ：無敵のブーツ。私はこのブーツの熱狂的なフェチ。

羽のついているもの：クジャク、フクロウ、フラミンゴ。

ボア素材と鮮やかに染色されたファー素材。地味な色のファーには興味なし。テディベア。

おいしい食べ物。パームビーチにあるお店のトリュフピザは大のお気に入り。イタリア料理……そして、グリルドチーズ。かわいらしいプチケーキ。パーティで出されるリアルフード——凝った飾りつけのレタスなどが添えられていない素材の味を活かしたシンプルな料理。

小さなトロピカルフルーツ柄の生地。犬の形をしたお財布。てんとう虫のブレスレット。一見洗練されているように見えるけれど、実はちょっぴり風変わりで奇抜なもの。きらきらしたスモーキングスリッパ。

ジャズ。とりわけオールドジャズ。

映画『麗しのサブリナ』と『お熱いのがお好き』。

私の愛する人が幸せなとき。

イラストレーターで漫画家のソール・スタインバーグ——知的で軽妙な彼の作品が好き。

スパンコールスニーカー。

オールシーズン飾れるホリデーデコレーション。

大胆さと遊び心をいつも忘れずに

155

LOVE
LOVE
LOVE

156   IRIS APFEL   COLORFUL

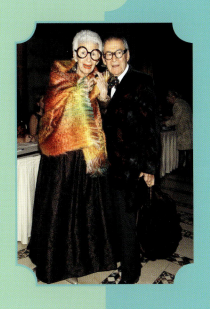

秀逸なジョーク……

オーナメント……
ぬいぐるみ……
テディベア……
美しい昆虫……

洗練されていて、
かつ風変わりなもの……

きらきら光り輝くもの……

大胆さと遊び心をいつも忘れずに

ドクター・ショールのデザイナーと組んで仕事を始めたとき、私が人生で愛するもののすべてを役立てることができるだけでなく、そこから新たなものを生み出すいい機会にもなりました──靴作りにすべてを集約したのです。なんてすばらしいのでしょう。

きちんと髪を整え、きちんとした靴を履いていたら、面倒に巻き込まれずにすむ、と私は常に考えています。この言葉は私にとって人生の教訓です。

ミスター・カールのデザインは夫が愛用していた室内履きを思い出させます。彼はアイコニックな存在でした。

↓ ドクター・ショール・アイコニック・オリジナル・ウッドサンダル
これはドクター・ショール創立100周年を記念するコレクションのインスピレーションとなりました。

私に必要不可欠なもの。それは色。
色は人生そのもの。
心を明るくしてくれるもの。魂を潤してくれるもの。
私は気持ちを盛りあげてくれる
大胆な色使いの靴が大好き。

すべてのものには物語があります。
見る目と聞く耳をちゃんと持っていたら、
それがわかるはずです。

↓ ミスター・カールのデザインの再検討。

すべてのものは、ほかのすべてのものに影響を及ぼしています。いつも必ず。

それをひとつに混ぜ合わせるのです。まずは自分が知っていることから始め、それから新しいものを創りあげるといいでしょう。

私の物語はテキスタイルから始まり、現在も継続中です——もうひとつ、美しいアクセサリーの物語も進行中。

大胆さと遊び心をいつも忘れずに

私はミッキーマウスを崇拝しています。彼がプリントされたデニムシャツを長年愛用しています。まあ、私のほうが年上ですが、彼とそれほど年が離れているわけではありません。でも、年齢なんて関係ないでしょう？

カーミットも大好きです。パームビーチの私たちのアパートメントにガッシーという名前の大きなメスのガチョウ*がいました——ガッシーの羽を持ちあげてみると、お酒の瓶が詰まっています。カーミットはいつもガッシーにぴったりくっついていました。やがて、カーミットは大酒飲みになりました。

*アイリスがデザインした等身大の木彫りのダチョウは、羽の部分が蓋のようになっていて酒瓶を収納できた。そのガチョウの背中にカエルのカーミットのキャラクター人形を飾っていた。

大胆さと遊び心をいつも忘れずに

遊び心の
あるものが
好き。

↑私のコレクションから
このすべてに物語があり、私はその一部です。

私は遊び心のあるジュエリーをたくさん持っています。正直言って、ハリー・ウィンストンで買い物するよりも、4ドルに値引きされて売っているすてきな指輪やバングルを見つけたときのほうがわくわくします。持っている一風変わったネックレスとバングルをすべてじゃらじゃらつけられるくらい、私の首と腕は頑丈にできています——自分の美学を貫くには、ときには痩せ我慢も必要。

カールも高級ブランドの腕時計だけでなく、がらくた並みの腕時計をたくさん持っていました——まったく動かないものも含めて。それでも、彼はとても気に入っていました。

私はダイヤモンドに興味はありません。そのほかの高級ジュエリーにも。クリエイターやアーティストのほうが、はるかに創造性に富んだコスチュームジュエリーを製作すると思うから。材料費がそれほどかからないため、おもしろい作品ができるチャンスもぐっと増えます。

結局のところ大事なのは、動き、色、喜び、そして可能性。この4つに尽きるでしょう。私のパヴェブローチのように。それを見たとき、最初は19世紀から現れたみたいな丈の長いフロックコートを羽織り、シルクハットらしき帽子をかぶった洒落た男性だと思うでしょう。ところが、突然その男性の体は小刻みに震え出します——頭も揺れています。もっと近づいてみると、彼は紳士などではなく、サルでした。実際、彼はとてもすてきでした。

大胆さと遊び心をいつも忘れずに

163

ゼニ・オプティカル
ルーヴェン・アファナドール撮影
2021年

私の家はおもしろいものであふれています。

『ハーパーズバザー ロシア』
クリストファー・スターマン撮影
2010年

　生真面目な人は生真面目な家に住むといいでしょう。でも、私は楽しいものに囲まれて暮らしたい。豪華な装飾品がずらりと並ぶ美しい家もありますが、そういう家は私にしてみればなんの特徴もありません。高級ホテルのスイートルームに滞在しているのも同然ですから——とはいえ、インテリアのセンスがないのなら、それもありですが。私はインテリアが完璧にコーディネートされた家よりも、ミスマッチなものがところどころに置かれている家が好きです。

　「趣味がよすぎると苦しむことがある」。たしかこれはダイアナ・ヴリーランドの言葉だったと思います。私は眺めているだけで気持ちが華やぐものに囲まれていたいです。たとえ、他人の目から見たら、統一感がなくてごちゃごちゃしていても。私にはこれが心地いい。こう感じることが大切なのです。お客様には気分よく笑顔で帰ってもらいたい。私のジョークでしばし笑い合い、リラックスした気分のまま帰ってもらいたい——私は巷によくあるものではなく、ちょっと変わったものばかりを集めています——お客様がまたこの家を訪れたいと思ってくれたら、これ以上うれしいことはありません。

IRIS APFEL　　　COLORFUL

とにかく、とりあえずやってみましょう。

創作をするうえで最も大事なことは、まずは即興で作ってみること。今でも鮮明に覚えているのは、インテリアデザイナーのエリノア・ジョンソンのもとで働き始めた頃、アパートメントに置くコーヒーテーブルを探さなければならなかったときのことです。時は第二次世界大戦の真っ最中。家具の運搬も自力で行いました。

そのとき、私はバワリー通りの店で年代物の円柱を見つけました。私たちはそれをアパートメントまで運び、装飾のある柱頭部を切り取って、その上に厚いガラスをのせました。するとどうでしょう。はっとするほど美しいコーヒーテーブルのできあがりです。即興で作る必要性に迫られなければ、このテーブルは存在しませんでした。

とことん遊び心を発揮しましょう。

私のファッション&ビューティー業界での初めての大きな仕事は90歳のとき——M・A・Cコスメティックシリーズのプロデュースを担当しました。人生でも、アートでも、変えられないことなどありません。私にルールは不要。たとえルールがあったとしても、破るだけです。そんなものに縛られるのは時間の無駄だから。ルールというのはアートの世界を破壊させてしまうものではないでしょうか。私にはそう思えてなりません。

クローゼットに飛び込みましょう。
きっとそこに宝物があふれている……

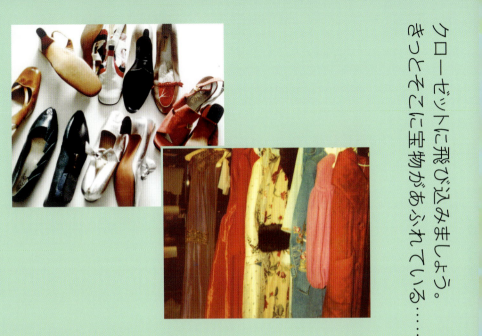

どんな服が見つかるかしら。わくわくする！

アイデアを思いついたら、何はともあれまずは試してみましょう。うまくいかなければ、また違う方法を考えればいいのです。

賢明な生き方だと思いませんか？

大胆さと遊び心をいつも忘れずに

169

目的を達成するには、
即興でやらなければ
ならないときもあります。

私は20歳のときにニューヨーク大学からウィスコンシン大学に編入しました。そこで卒業に必要な単位をいくつか落としそうになったのです。当時は仕事を見つけるのが非常に難しい時代でした。そのうえ、卒業も危うい状況です。私はニューヨーク大学で履修していない科目を探しました。でも、見当たりません。あの頃は、不安で夜も眠れず、頭がどうかなりそうでした。

ところが、なんとある日、ふたつの科目——博物館管理学Iと博物館管理学II——を見つけたのです。私はキャンパスの反対側にある建物に研究室を構える担当教員にさっそく会いに行きました。教員は年配の小柄な男性で、大きなデスクの後ろに座っていました。「どんな用件かな？」と教員に訊かれました。「先生の講義を受講したくて来ました」そう答える私に教員はこう返しました。「これはたまげた！ その言葉を聞いたのはほぼ10年ぶりだよ」

教員は学生が研究室を訪ねてくることなどとっくにあきらめ、ただ退職する日を辛抱強く待っているように見えました。それはさておき、私たちは話し始めました。彼は感じのいい人でした。私はこう尋ねました。「先生にはこれはどうしても学生に教えたいというものがありますか？ 私に何を学んでほしいですか？」。彼がわからないと答えたので、私は一緒に答えを見つけましょうと言いました。やがて、教員にはアメリカ文化を専門に扱う博物館を作りたいという願望があることがわかったのです。

大胆さと遊び心をいつも忘れずに

私たちは話し合い、私はジャズの歴史に関する論文を書くことになりました。高校時代から熱狂的なジャズファンです——毎週、ロングアイランドシティの高校の友人たちと、NBCラジオの番組『レッツ・ダンス』に出演しているベニー・グッドマン楽団に会いに行ったものです。サドルシューズを履いた私たちは、ラジオ局の廊下で激しく踊りました——そういうわけで、先生とのこの取り決めがあまりにもうれしくて、私はスキップしながら図書館へ向かいました。けれども、あろうことかジャズの歴史について書かれた本が1冊もなかったのです——まあ、これは1940年の話ですから——さあ困りました。

私は2週間ほどどうしようか悩み続けました。そしてある日、新聞を読んでいて、映画館で行われるイベントについての記事を見つけました。ついに運が巡ってきた！　これはチャンスだと直感しました。大きな賭け。でも、チャンスには違いない。私はその日の午後の講義をさぼり、おめかしをして映画館へ行きました。ドアをノックすると、その隙間から男性が顔を突き出しました。彼はびっくりした表情を浮かべ、私を上から下まで観察しました。

あのときの私はプレッピースタイルにまとめていました——グレーのカシミアのセーターとフランネルのズボン。靴はローファー。そして元ボーイフレンドからもらったコーネル大学の白いブレザー。

ややあって、彼が口を開きます。「いや、驚いた。きみはどこの仕立屋を利用しているんだい？ さあ、入って」。私は舞台裏へ続くドアを通り抜けました。なんという幸運でしょう。そこは、ジャズの巨匠デューク・エリントンの楽屋でした。その週、彼はマディソンのこの映画館で上映の合間に演奏することになっていたのです。私はそこで彼の楽団のバイオリニスト、レイ・ナンスにも会いました。そのときデュークは演奏中でしたが、レイはデュークがステージから戻ってきたら、彼に私を紹介すると言ってくれました。デュークと私はすぐに意気投合しました。私の熱心さに感心したのか、デュークは自分にできることならなんでも協力すると明言してくれたのです。

デュークは私が出会った中で最もチャーミングな男性のひとりです。彼はとてもエレガントで洗練されていました。

その日の午後ずっと、デュークはジャズの話で私を楽しませてくれました。彼と別れたあとも私はまだ夢心地で、ぼうっとしたまま家路につきました。帰り際に、デュークは毎日遊びにおいでと言い——もちろん、私はそうしました。つまり、講義を1週間さぼったというわけです。だって、これほどすばらしい誘いを断る人なんていないでしょう？ 私たちはジャズミュージシャンたちのそれぞれのスタイルからジャズのムーブメントまで、さまざまなテーマについて語り合いました。デュークがこんなふうに私のために時間を割いてくれたことが、いまだに信じられません。本当に夢のような時間でした。

大胆さと遊び心をいつも忘れずに

その週の終わりに、デュークの楽団はシカゴのサウスサイドに向かうことになっていました。そこでジャズ仲間たちとのちょっとした集まりがあり——大物ミュージシャンや友人などが大挙して姿を見せるイベントが——なんと、デュークは私を招待してくれたのです。まさかの展開です。大勢の人が彼の演奏を聴くためにサウスサイドに集まる機会を逃す手はありません。

私は母に内緒でシカゴへ行くことにしました。でも、学生寮へ戻ると、思い直して母に電話しました。絶対にだめ！　母はその一点張り。絶対に行きたい！　私も一歩も引かず、これには卒業がかかっているとさらにたたみかけました。それでも、母の答えは「ノー。行ってはいけません。この話はこれで終わりよ」

こうなったら強硬手段に出るしかありません。私は寮の部屋の窓から抜け出しました。難関突破に成功です。

鈍行列車でシカゴへ向かい、そこのホテルに滞在しました。デュークとセッションする多くの才能豊かなミュージシャンたちと出会い、彼らからもとても有意義な話を聞けました。まさに天国にいる気分です。私は無事にマディソンに戻り、われながら上出来の論文を書きあげました。この難局を絶対になんとかすると心に決めたら、意外と乗り越えられるものです。その後、私はアメリカにおける女性の帽子の歴史についての論文も書き終えました——けれども、大物ミュージシャンに出会う思いつきの旅に比べたら、わくわく感はそれほどありませんでした。

即興が好き。

ジャズ演奏みたいに……
あれをしたり、
これをしたり……
常に同時進行。

← 同時進行中
1930年代、インテリアデザイナーになりたての頃

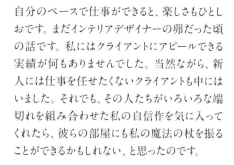

自分のペースで仕事ができると、楽しさもひとしおです。まだインテリアデザイナーの卵だった頃の話です。私にはクライアントにアピールできる実績が何もありませんでした。当然ながら、新人には仕事を任せたくないクライアントも中にはいました。それでも、その人たちがいろいろな端切れを組み合わせた私の自信作を気に入ってくれたら、彼らの部屋にも私の魔法の杖を振ることができるかもしれない、と思ったのです。

自分の意見を押しつけることは決してしませんでした。まずはクライアントの好みや考えを徹底的に調べあげ、それを活用して美しく仕上げました。私は夢中で取り組み、最終的にほとんどのクライアントから信用を勝ち取りました。それ以降、私は完全に自分の裁量で仕事を進められるようになったのです。こちらのほうが私は楽しめましたし、自然な感じがしました。

大胆さと遊び心をいつも忘れずに　　　　177

みぞおちで感じる。

感じたものを信じること。
しっかりつかむこと。
手放さないこと。

決して失わないこと。

自分の行動のひとつひとつを楽しみながら生きる。まずはここから始めましょう。大切なのは自分がどう感じるかです。何も考えず、ただ感じるだけ。私はいつもそうしています。たとえば、おもしろそうだと思ったら、迷わず飛び込み、悩むのはあと回しにします。

それが本当におもしろかったら、自分の勘は正しかったということです。常に自分の直感を信じるのが私流——私が私を信じられなくて、誰が私を信じてくれるのでしょう？

考えすぎは禁物。人生を台無しにしかねません。いいと思ったら、そのまま受け止める。壊れていないなら、直さない。私のモットーです。リラックスすることを心がけましょう。

月並みな答えを求めてしまうと、月並みな結果しか得られません。

↓1970年代、チュニジア

私は自由人。なんでも自由にやりたい。

自分を信じ、一か八かやってみる。もともと私はあらゆる面で周りに合わせるタイプではありません。これで困ったことは一度もありません。つまり、ある意味、私は正しいのでしょう。自由に表現する。もっと正確に言うと、自分の感情を抑え込まずに表現する。生きていくうえで、とても大切なことです。

大胆さと遊び心をいつも忘れずに

私は直感に従うことで、どこへでも行けました。想像すらしていなかったことが、ただの夢物語にすぎなかったことが、この人生で実現したのです。

それでも、
私はここに

いる。

大胆さと遊び心をいつも忘れずに

友人でもありフォトグラファーでもある

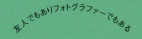

アイリスは自分だけの秘密の花園を持っています。彼女はそこから摘んできたさまざまな色合いの植物を組み合わせて新しい色を創りあげました。彼女がどんな魔法を使ったのか、私にはわかりません。それでも、その色をまとったアイリスはすばらしく輝いて見えます。
　　　　　　　　ブルース・ウェーバー

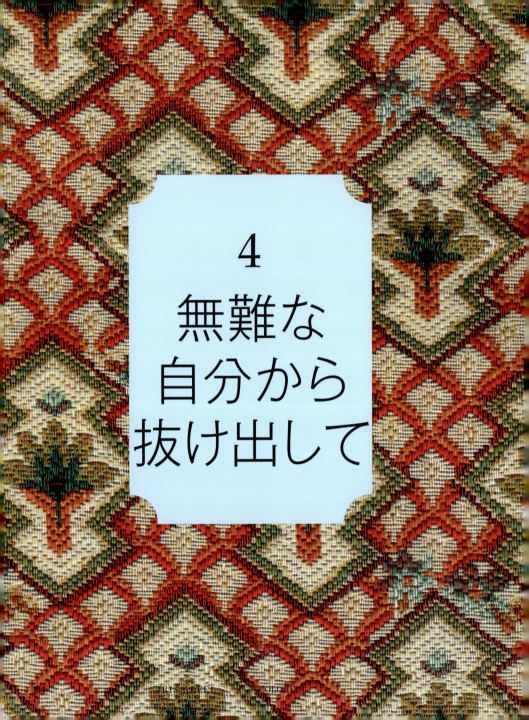

4
無難な自分から抜け出して

冒険
してみる

勇気

『ハーパーズバザー　アラビア』
リチャード・フィブス撮影
2021年

度胸は何物にも代えがたいすばらしいものです。私には怖いものはありません。蛇も平気です。雷……これは例外。雷は苦手だけれど、人間は自然現象をコントロールできませんから。でも、恐怖に負けたりはしません。これまでずっと、偶然の機会を逃さないようにしてきました。忘れもしません。8歳のあの日から。私はバレエで『瀕死の白鳥』を踊ることになりました──できあがった衣装は、祖母が掃除用に買っておいた目の粗い綿のガーゼで作ったごわごわのチュチュ──カメラマンの顔には戸惑いが浮かび、スタイリッシュな母の顔には絶望が浮かんでいました。とっさに私は自分でそのチュチュをなんとかしようと思いました。この判断を恐れずに。さもなければ、思いきり楽しむチャンスを失ってしまう。恐怖はなかなか手ごわい相手ですが、同時に力も与えてくれます。

でも、リスクを取るときは──新たなスキルを身につけるにしろ、新たな仕事を始めるにしろ、新たに刺激的な冒険に乗り出すにしろ、度胸が必要です。

人はよく私からインスピレーションを得るとか、新しいことに挑戦する勇気をもらえるとか言います。おそらく、彼らは今も私がまだ元気に現役で働いていることを評価しているのでしょう。

あるいは、私が自分で思ったことを、率直な言葉で正直に語ることを、評価してもらっているのかもしれません。こういうタイプはめったにいません。たぶん彼らは、私を通して30年後の自分の姿を見ているのではないでしょうか。

何もしなければ何も起こらない。

どんなことでも磨いていくことが大切。

それってなんてうれしいのかしら！ でも、女性たちが事業を始めたり、転職したり、思いきって新しいことを始めたりできたのは、私からインスピレーションを得たからだと言われると、思わず私は両手で彼女たちの肩を揺すって、こう言いたくなります。

「人から勇気をもらおうとしちゃだめよ。あなたは自分の力でなんだってできるんだから！」

人には生まれつき自分に自信を持つ力が備わっています。私の父は人からどう思われようとまったく気にしませんでした。父には自分の信念を貫く勇気がありました。

これは口で言うほどたやすくはありません。とはいえ、そうなれるよう努力することはできます。自己表現はときに苦しいものです。それは自分を深く見つめなければならないからです。でも、本当の自分に気づいたら、自分を成長させることができます。

誰にでも調子の悪い日はあります。
どうもしっくりこない日も。
そういうときでも、自分の機嫌を取りましょう。

無難な自分から抜け出して冒険してみる

そのいい例がスタイルです。
私にとって、スタイルとは個性であり、
勇気でもあります。

スタイルは何もしなくても手に入れられるものではありません。手に入れるには努力が必要です。まず、自分がどういう人間であるかを知ることから始めます。スタイルとは態度です。とはいえ、態度には個性が必要なのです。本当の自分を見つけたら、その自分に忠実でありましょう。きっと初めのうちは、たくさん努力しなければならないと思います。でも、必ず報われます。自分の個性は誇るべきものです。その他大勢のひとりになる必要はありません。

自分を観察して、そこから学びましょう。自分は誰なのか。何が好きなのか。何が嫌いなのか。何が心地いいのか。何を感じているのか。人は自分にどういう態度を取るのか、それが自分はどれほど気になるのか。私は決して相手の態度に合わせるということはしません。

みんなに気に入られようとすると、
最終的には誰にも相手にされなくなります。

人生で大切なのはバランス。そして、バランスの取り方を習得するには時間がかかります。でも、最初の一歩を踏み出さなければ、何も始まりません。

人と上手につきあうように心がけましょう。人とのかかわりを避けようとすれば、せっかくの個性も輝きません。自分から好意を持って接すると、相手もちゃんと好意を返してくれます。こちらが何か変わったことをしても、わりと受け入れてくれるものです。変わり者として避けられるのと、変わっている部分を個性として受け入れられるのはまったく違います。個性的なゆえに、かえって愛される場合もあるかもしれません。また、ちょっと毛色の違う人だと思われるのと、それを不快に思われるのとでは雲泥の差があります。

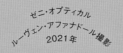

唯一の失敗は
挑戦しないこと。

無難な自分から抜け出して冒険してみる

祖父母が乗り越えてきたことを思い出すたびに、ふたりには恐怖を脇に押しやる以外に方法はなかったのだと再認識します。祖父母は15歳と16歳のときにロシアで伝統的な結婚式を挙げました。その後ほどなくして、祖父のもとに軍から召集令状が届きました。でも、祖父は入隊を拒みます。そうなると、あとは逃げるしかありません。それで祖父はロシアを離れ、アメリカへ来ました。

← 私の祖父母＝勇気

新しいことを実行するには大変な勇気と膨大なエネルギーが必要です。物事を実現させようとする過程では、苦しい思いもするでしょう。絶えず不安がつきまといます。そんな状況に陥ったら、流れに身を任せてみるのもいいかもしれません——実際、多くの人がそうしています。でも、それじゃあ、おもしろくありません。祖父母はまだ新婚。おまけに、そのとき祖母は身ごもっていました。けれど、祖父は逃げなければなりません。アメリカに着いたら、すぐに働いて舟券を送る、と祖母に約束しました。想像してみてください。10代の少女で、しかも身重の体。普通なら神経が参ってしまうでしょう。夫となった男性のこともほとんど知らない。本当に舟券は送られてくるの？　そう思っても不思議はありません。祖父は高潔な心を持った立派な人でしたが、ひとり取り残された祖母がどんな思いで暮らしていたのか、私にはわかりません。

ある日の夜、パーティの最中に、男性が馬に乗ってやってきました。祖父からの舟券が同封された手紙を携えて、祖父はちゃんと約束を守ったのです。祖母は祖国を離れたことがなく、ロシア語しか話せませんでした。それでも、おなかに4カ月の子ども（私の母）を抱え、ロシアからドイツへ向かい、ハンブルクでアメリカ行きの船を待ったのです。あいにく、船が遅れたせいで、予想より早く祖父が送ってくれたお金を使うはめになりました。

これは19世紀の話です。10代の少女が果てしない距離をたったひとりで移動しました。知り合いがひとりもいない、言葉もわからないながら船でアメリカを目指したのです。祖母はあっぱれな女性でした。

← マスターテーラーだった祖父

世界一のおばあちゃん

198　　　IRIS APFEL　　COLORFUL

ようやくハンブルク港に船が到着し、乗客たちは乗り込みました。船酔いに長時間の航海。過酷な旅となりました。よく祖母は二度と船には乗りたくないと言っていたものです。そう思うのも無理はありません。

祖父母は再会し、ニューヨーク市のエレベーターのないアパートの一室で生活を始めます。祖母は料理も裁縫も掃除も得意でした——主婦の鑑と言われる遺伝子は一代で使い果たしてしまいます。母も私もこの遺伝子をまったく受け継いでいません。一方、祖父は卓越した仕立て技術を持つマスターテーラーでした。どんなスタイルも、祖父にかかればお手のものです。祖父にとって、アメリカは多くの可能性に満ちた国でした。祖父は朝から晩までがむしゃらに働いてお金を貯め、ロシアに残っている家族を呼び寄せました。

ところが、無理がたたって体調を崩してしまいます。医師からも、健康な老後を迎えたいなら、忙しい生活から離れ、空気のいい田舎に引っ越したほうがいいと忠告されます。当時、その田舎というのがクイーンズでした。一家はクイーンズに移り住むことを決めます。

当時、クイーンズボロ橋はまだありませんでした。彼らは船頭を見つけ、船に所持品を積み込んで川を渡り、やがて牧歌的な風景が広がるクイーンズの海岸に到着しました。

それはちょっとした旅でした。祖父母たちはロングアイランドシティに居を構えます。この地域の初期入植者で、小さな農場でヤギ1匹と共同所有の牛1頭を飼いました。一家の食事はコーシャ（古くからユダヤ教に伝わる食事）でした。でも、ロングアイランドシティにはコーシャ食品を売る店どころか、店自体1軒もありません。当時の列車はまだ片道運行でした。そのため、祖父母は週に1度、朝4時に起きて水辺を歩き、船を待ちました。船でイースト川を渡り、それから鉄道馬車に乗り換えてローワー・イースト・サイドに向かいます。食料の買い出しも1日がかりです。帰宅する頃には、夜も更けていました。マンハッタンとクイーンズをつなぐ橋、クイーンズボロ橋が完成したのは1909年。昔は買い物だけでなく、何をするにも、家に帰ってこられるのは真夜中か、早くても真夜中より少し前でした。

私はずっとニューヨーカーですが（カールと結婚後もニューヨーク市に在住）、クイーンズのアストリアで育ちました。母方の家族が住み着いたこの地域はロングアイランドシティの住宅地です。イースト川の端にあり、マンハッタンのきらめく光がよく見えました。

↓ 祖父と私

父方と母方の両方の家族にとって、私は初孫でした。5歳ぐらいのときのことです。家族の集まりがあり、ブルックリンに住む父の両親の家を訪れた際にはいつも、おじやおばはこぞって最初の15分ほどは私の頬をつまんだり、私に話しかけたりして存分にかわいがってくれましたが、それが過ぎると彼らはその場を離れ、お酒を飲んだり、カードゲームをしたりしていたものです。祖母はひとりでぽつんとしていた私の手を取り、廊下の奥にある部屋へ向かいました。そこには、口を紐で結んだピローケースみたいなものがびっしり詰まった大きなクローゼットがふたつありました。祖母がピローケースをふたつ取り出して紐をほどくと、小さな布が次から次へとこぼれ落ちてきたのです。形も大きさもさまざまな布が床を覆っていきます。私は目を丸くして叫びました。

無難な自分から抜け出して冒険してみる

「見て、おばあちゃん。これで遊べるね。このちっちゃい布で遊べる。それに、これでなんでも作れるよ」

祖母は裁縫チャリティープロジェクトのために端切れを集めていたのです。裁縫が得意な祖母は4人の娘たちの服も自分で縫っていました。それだけでなく、恵まれない人たちを助けるとても優しい女性で、病院や老人ホームの設立にも手を貸していました。本当にすばらしいとしか言いようがありません。話をもとに戻すと、ときどき祖母はプロジェクトのために取っておいた端切れの中から、私に好きなものを選ばせてくれました。ピローケースの中から小さな布が出てきた瞬間から、私はもうすでにそれらの質感や色や模様に心を奪われていました。時間も忘れ、午後中ずっとその端切れを使い、色の組み合わせをいろいろ試して遊んでいたのを覚えています。帰るのもいやがるくらい布遊びに夢中でした。創作の楽しさを初めて知ったのは、まさにこの日です。祖母に感謝ですね。布遊びはまったく飽きることなく何時間でも続けられました。これで審美眼が磨かれたのでしょう。

私はファブリックに深い興味を持ち、それが高じてテキスタイルの世界に通じるドアが開きました——あの頃は、こうなるなんて夢にも思っていなかったのに。やがて大人になり、ファブリック事業を立ち上げたいと考え始めたとき、1ミリの躊躇もなくその目標に向かって踏み出しました。女性だから何もできないなんて、頭をかすめもしませんでした。オールド・ワールド・ウィーバーズを設立するとき、あれこれ考えすぎていたら、おそらくファブリック事業を始める夢は夢のままで終わっていたでしょう。

他人にどう思われているのか気にしていたら、勇気を持って信念を貫くことはできません。あなたはこういう人だという他人の描いたイメージどおりに生きたくはないでしょう？　とはいえ、母と夫は例外的な存在と言えます。たとえば、もしふたりが私の服装をいやがったら、着替えたと思います。でも、まあ、たいていの場合は、ちっとも気にしなかったでしょうね。別に周りの人の気分を害したいわけではありません。でも、彼らが私の身につけているものを気に入らなくても、私にはどうでもいいのです。

世間の人々は誰からも好かれようと思いすぎです。それが上手に世渡りしていく唯一のコツだと思い込んでいます。他人から好かれるよりも、他人に優しく思いやりのある人であるべきです。

人とつながりたいなら、まずは自分に正直に生きましょう。イタリアでは、ユーモアが大いに役立ちました。初めてそこの織物工場を訪れたとき、私たちは通訳を雇わなければなりませんでした。担当の男性は英語を話せませんでしたし、私たちもイタリア語はさっぱりでしたから。小さなメガネをかけた通訳はおもしろい男性でした。上着の胸ポケットにキュウリを差し込んでいて、私たちが背中を向けている隙を狙っては食べていました。もちろん、カールも私も気づいていましたが（実は、私はキュウリが大の苦手─もしかして、彼は誰かにひとりでこっそり食べろと言われたのかしら！）。

それにしても、なぜキュウリだったのか、答えは謎のまま！ まあ、それはともかく、通訳は辞書のページをめくるたびに指をなめていました。でも、ページをめくれどめくれど、私たちが知りたいファブリックに関する専門用語は載っていません。そのとき、通訳なしでもなんとかなると思ったのです。工場の担当者と私たちは、いわば同じ波に乗っている仲間で、全員がファブリックについての知識を持っている者同士でした。そうとなったら、行動あるのみです。

何年にもわたって、私は独学でイタリア語を勉強しました。学校に通う時間はなかったので、もっぱら絵本を読み、言葉と動作をつなぐ練習をしました。会話をするときはユーモアを忘れず、そこにボディランゲージと表情も交えると、多くの人は私が何を言いたいのかわかってくれました。また、イタリア語を話せるのかと訊かれたら、必ずイエスと答えました——"度胸とノンバーバルコミュニケーション（顔の表情、声の調子、視線、身振り手振りなどによるコミュニケーション）も駆使して"。時間とともに、どんどん語彙も増えていきました。でも、イタリア語の文法はさっぱりわかりません。私が使うのは現在形のみ。とはいえ、別に完璧は求めていません。重要なのは目標に向かって頑張ることです。

自分の好きなことをしたいのなら、まずは好きなことを見つけましょう。これは私の口癖です。好きなことは自分に自信を与えてくれます。信念を貫く自信を。たとえば、私の理想像はジーンズをはいている姿です。これを実現するのに、6週間ほどかかりました。

最終的に欲しいものを手に入れましたが、それまでは厳しい戦いを強いられました。

当時は女性がジーンズをはくなんてあり得ないことで、当然ながら買うこともできませんでした。1930年代後半から1940年代前半は、まだまだジーンズはファッションアイテムと呼べるようなものではなかったのです。私が大学生だった頃、ウィスコンシン州の陸海軍払い下げ品専門店へ行きました。店員たちから困惑した表情を向けられ、私がジーンズを見せてほしいと言うなり、彼らはたちまちまごつき始めました。

↑ターバンが大好き!
ジーンズと合わせたときは特に。

でも、私としては大きなギンガムチェックのターバンを頭に巻き、耳には大ぶりなイヤリングをつけて、これにぱりっと糊の利いたシャツとジーンズを合わせたら完璧だと思っていたのです。そのときは、まるでくわえた骨を放そうとしない犬みたいにしつこく粘りました。何がなんでも手に入れたいものがあると、私はときどき犬になります。

店主が口を開きました。「お嬢さん、知らないのかい？　若いレディはジーンズをはけないんだよ。まったく、ばかなことを言うもんじゃない」。私も負けじと言い返しました。「私はジーンズを買いたいの。絶対に欲しいのよ」。店員たちは私のために小さいサイズのジーンズを探してくれるどころか、私を店から放り出そうとしました。それでも、私は懲りずに何度も店に通い続けます。毎週、強い決意を胸に秘めて。ついにある日、店主から電話がかかってきました。カタログ販売で少年用のジーンズを注文したと。ひょっとしたら、彼はさっさと私を追い払いたかっただけかもしれません。私に嫌気が差していたとしても意外ではないので。あるいは、私をかわいそうだと思ったのか。どちらにしても、あのときの私はそれどころではなく、届いたジーンズがぴったりフィットしたことに狂喜乱舞していました。そして、私が完璧だと思っていたコーディネートは、イメージどおりで文句なく最高でした。

今でも私はメンズジーンズをはいています。フィット感が心地いいからです。欲しくてたまらなかったジーンズはこうして私のものになりました。最初の店側の反応でくじけていたら、きっとあのジーンズは私の手には入らなかったでしょう。

たしかに、たかがデニムですが、されどデニムなのです。

無難な自分から抜け出して冒険してみる　　　　　207

たとえ小さな一歩でも、行動を起こさなければいけないときがあります。

この言葉は私の座右の銘です。
勇気を持って一歩踏み出せば、
いつも正しい方向へ導いてくれます。

無難な自分から抜け出して冒険してみる

友人でもありデザイナーでもある

Alexis Bitter

　アイリスは色のシンフォニーを体現しています。彼女は楽々と既成概念を打ち破り、何も恐れることなく自らの生き方を貫いています。自分の着たい色、ジャンル、デザインの服をミックスして装うことで、年齢差別を一蹴しています。それが彼女のファッションスタイルなのです。年齢相応であることを期待する社会に、アイリスは日々の生き方で一石を投じているのです。彼女を色にたとえるなら、ショッキングピンクや明るい赤や鮮やかな黄色がぴったりでしょう。まさに色が奏でるシンフォニーそのものです。アイリスは明るい色を組み合わせて作られた輝く旗のような女性です。

アレクシス・ビッター

5
人生は
一度きりの
旅だから

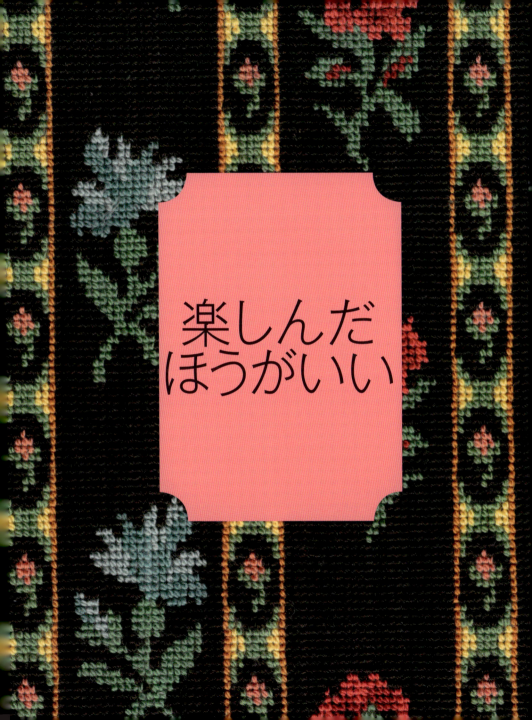

人生

ケイト・スペード
エマ・サマートン撮影
2015年

年を重ねていくと、いろいろなことに不安を覚えるものです。目が回るほど忙しい毎日を送っていると、期限内にすべてを終わらせられるかどうか不安が脳裏をよぎることもあります。年齢とともに、健康について考えるようになるのは普通でしょう。

でも、どうも私はいやなことや悲しいことをすぐに忘れてしまう傾向があるみたいです。私にも後悔していることがいくつかあります。とはいえ、今さらそれをくよくよ考えても無駄。懸命に働き、自分なりにベストを尽くしてきたつもりです。別に何もかもそつなくこなしてきたわけではありません。何もかも知っているわけでもありません。ただ、失敗したら、それを正して前に進んできました。私は今を生きています。なんでもかんでも大げさに騒ぎ立てたら、しまいには自滅してしまうでしょう。

過去に生きることはできません。それはもう過ぎ去ったものだから。今に連れ戻すことは不可能です。すべて終わったこと——さあ、次の失敗へと進みましょう。これが私。

人生は一度きりの旅だから楽しんだほうがいい

自分でもおかしいと思いますが、私はサロン音楽が大好きです。報われぬ切ない恋の歌が。このジャンルの曲が胸に響きます——とりわけ、フランク・シナトラの曲。そして、デューク・エリントン楽団の若いピアニスト、ビリー・ストレイホーンが作曲した『ラッシュ・ライフ』。この曲はその世界観に思いきり浸れる時間があるときにじっくり聴きます。

カールが私の背中を押してくれたのです。私たちがともに生きた年月のあいだ、いつも彼はステージママのように私の背中を押してくれました。新しい仕事の依頼が来るたびに、私はよく「もういいわ」と言ったものです。すると、カールは決まってこう返すのです。

「やらなきゃだめだ」

だから、私は頑張り続けます。あれ以来、これまでの人生で一番努力しています。

人生は一度きりの旅だから楽しんだほうがいい

もう年だから？
そんなことは
深く考えない。
人生の楽しみが
奪われてしま
うから。

この年齢まで生きてこられたことを誇りに思います——でも、実は……自分の年齢についてじっくり考えることはありません。ちらりと脳裏をよぎるくらい。未来を生きるためです。それが重要なのでしょう。私は楽天家です。

年齢はただの数字にすぎません。数字が増えたらやめなければならないという決まりなどないでしょう。

何事もとらえ方次第。30歳でも老けている印象の人も、90歳でも若々しく見える人もいますから。私は自分のやりたいことをやります。早起きと運動を心がけながら。「私は背筋がぴんと伸びている！」というのは私の口癖。幸せを引き寄せる魔法の言葉です。何よりも健康が大切です。体を壊してしまったら、何もできません。

年を重ねることは悪い面ばかりではありません。年の功という良い面もあります。私はこれまで積み重ねてきた経験値に感謝しています。1年1年を大切に生きましょう。生きていれば、くじけそうになるときもあるかもしれません。でも、顔を上げて、前進あるのみです。以前、家族の古い友人が「何かをふたつ持っていたら、おそらくそのひとつは朝起きたときに、あなたに痛みをもたらすだろう」と言っていました。私は股関節の手術を2度受けました。でも、2度目の手術をしたあとも、ベッドから起きあがるときは痛みを感じます。

人生は一度きりの旅だから楽しんだほうがいい

誤解しないでもらいたいのですが、私はベッドの中でごろごろするのが好きです。でも、起きなければなりません。高齢なのは事実です。ただし、忙しくしているほうが、痛みをあまり感じずにすむのもしかりです。

今を生きるのをやめて、ただ膝を抱えて丸くなっているわけにはいきません。

ゼニ・オプティカル
ルーヴェン・アファナドール撮影
2021年

もちろん、負けを認めなければならないときもあります。でも、私はマルチタスクにかけては黒帯なのです。重要なのは、忙しく動き回っていること。これは紛れもない真実で、実際にこの目で何度も見てきたのでわかります——仕事を引退した人たちが、ある日目覚めたときにふと、なんて空っぽの人生なのだろうと気づくのです。これはちっとも笑いごとではありません。人はよく私に休めと言います。けれど、無為に過ごす時間などないように私は感じます。

人生は一度きりの旅だから楽しんだほうがいい 221

情熱を持って事に当たるのがとても重要です。人生のこの段階で、さまざまな機会に巡り合えた私は、とても恵まれていると思います——デザイン、モデル、講演、客員教授、旅行。若い頃に、私の人生はこんなふうになると誰かに言われていたら、きっと笑い飛ばしていたでしょう。チャンスを手に入れたときは、それに甘んじることなく、もうひと押し頑張るべきです。

私は自分に活を入れてベッドから出たら、完全に目の前の仕事に没頭します。手を止めるまで、それ以外のことは見えません。仕事を終え、家に帰ると、忘れていた体の痛みがまたぶり返します。でも、これは払う価値のある代償です。年は取りたくないと思うかもしれませんが、取らないという選択肢はないのです。

今を生きている。
今ここにいる。
その事実を享受して、大いに楽しみましょう。

年を取ることのメリットだってあるのです。もう自分のビキニ姿(どんな格好でもかまわないのですが)がどんなふうに見えるか気にしなくてもいいこと。私の場合は、それは少なくとも10回分の夏に値するほど価値があることです。

あらゆる機会を逃さず、お祝いしましょう。

若い頃に何度かすばらしいパーティに出席したけれど、そのうちいくつかは群を抜いていました。ひとつは、私たちが家具プロジェクトに参加するためにフィレンツェを訪れたときです。私はこのプロジェクトで木製家具のコレクションを手がけました。私たちを出迎えてくれた主催者から「ご機嫌いかがですか」と訊かれたので、私は「年を取った気分よ」と返しました。理由を尋ねられたので、「今日は誕生日だから」と私は言いました。その言葉を聞くなり、主催者は拍手をしながら、みんなに仕事の手を止めさせ、「ファッチャーモ・ウナ・フェスタ（パーティをしよう）！」と叫んだのです。美しい渓谷を見渡せる会場の裏側には、食料品店に併設された小さなレストランがありました。主催者はそのレストランにプロジェクト参加者全員分のランチを用意してほしいと電話で伝えました。それはもうすばらしい即興パーティでした。

なぜお祝いしないの？

長寿の秘訣は何も思い当たりません。でも、前にも言ったように、若いままでいたいなら、考え方も若くなくてはいけないでしょう。どんなにくだらない些細なことにも目を向けられるようにならなければなりません。そして、そういうことがいかにくだらないかに気づけるようになりましょう。これは容易ではありません。とりわけ、気力がわかないときは。

でも、挑戦してみる価値はあります。筋トレと同じで、根気よく続けることが大切です。私の元気のもとは、「なぜ？」と不思議に思う気持ちと、ユーモアと、好奇心。これらを持ち合わせていると、新たに出会う人や物に対して常に心を開くことができます。新たな冒険にもいつでも飛び出せます。

私の祖父母と両親は、飛行機が発明される前から世界を旅して回っていました。その血を、私はしっかり受け継いでいます。祖父母が壮大な蒸気船の旅をしたことや、ふたりがアメリカに移り住んでからも生活必需品を求めてイースト川を何度も渡ったことに思いを馳せるとき、やはり私はあのふたりの孫なのだとつくづく感じます。祖父母は過去を振り返りませんでした。私も振り返りません。私はいつでも未来を見つめています。

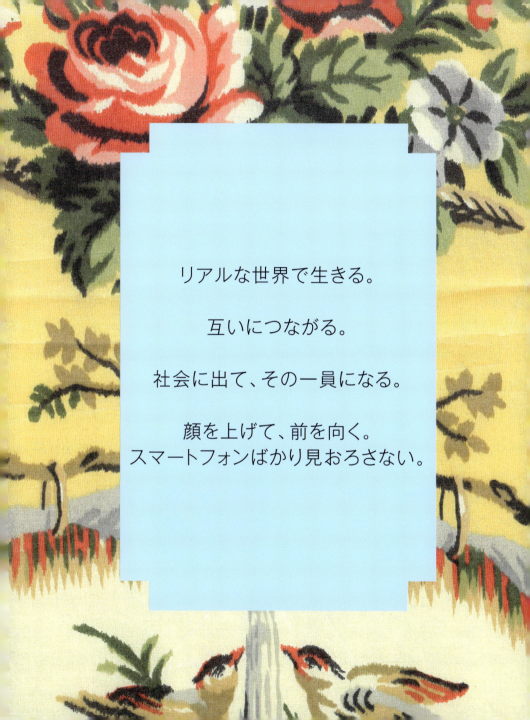

リアルな世界で生きる。

互いにつながる。

社会に出て、その一員になる。

顔を上げて、前を向く。
スマートフォンばかり見おろさない。

リスクを取ると、最悪の事態に陥って失敗することもあります。それでも、前を向いて進みましょう。人生という旅はこれからも続くのだから。

両親と初めてヨーロッパを旅したときも、その後、カールとヨーロッパへ出かけるようになってからも、私たちは定期船が運航しなくなるまで航路を利用しました。飛行機が飛んでいる場所でさえも。イタリア客船の旅は——あの船にかけられたタラップを渡るときの気分ときたら！　どうしようもなく胸が躍りました。もう最高！　アメリカ客船に乗れば、目的地に到着して船を降りるまでアメリカにいるような気分を味わえるでしょう——それがいいと言う人もいますが、カールと私はそれよりも放浪気分を味わいたかったのです。イタリア客船は、乗船する瞬間から、すでにそこはイタリアでした。

大海原を航海していると、魅惑的な瞬間にたくさん出会えます。世界各地の港へ船がゆっくりと入っていくときは、いつも活気にあふれた町の風景やそこで待ち受けている冒険を想像してわくわくしたものです。また、ヴェネツィアの港では、すでに心は運河に飛んでいて興奮を抑えられませんでした。でも、なぜかゴンドラに乗るときは必ず雨模様で……。

長い年月を経た今でも、私は喧騒に満ちたニューヨークの街が大好きです。ロンドンも、パリも。もちろん、静かな安息の地、トスカーナや、ウンブリアや、パームビーチも大好き。とはいえ、場所はどこでもかまわなくて、船でいろいろな場所へ行くのが楽しくてたまりませんでした。

人生は一度きりの旅だから楽しんだほうがいい

子どもの頃、私は鉄道ファンでした。今もそうです。

私は生涯、列車に乗ってあちこち飛び回る運命だったのかもしれません。

いろいろな場所へ発見の旅へと出かけました。どこへ行こうと、そこへ到着するまでが楽しみの半分を占めます。

いまだに私は乗り物に夢中です。パームビーチのアパートメントでは、クリスマス用の小さな模型列車が1年じゅう走っています。黒いジーンズを買ったのも、鉄道員の制服を連想させるからです。これらのものたちが私を見つけ出すのです。

毎年夏にサンタフェを訪れるたび、ナバホ族のあるアーティストの作品を購入していました。初めて会ったとき、彼はまだ14歳くらいの少年で、小さな人形を作っていたのです。彼の姉妹が人形に服を着せるのを手伝っていました。毎年、私はその人形をいくつか買って帰り、数年後にすべてを並べてみたところ、初めて気づいたのです——人形の作り手も、私に負けないくらい乗り物のことで頭がいっぱいなのだと。どの人形もどこかへ旅立っていくのですから。それゆえ、私はあのアーティストのもとへ通い続けていたのでしょう。

驚くべきことに、私の人生の特別な瞬間は列車とかかわっていることが多いのです。12歳のとき、イースター用のおしゃれな服を買うために、5セント払ってアストリアから地下鉄に乗り、マンハッタンのS・クライン百貨店へ行きました。少し大人になって度胸もつくと、ニューヨーク市に魅了され、毎週違う地区を探索しました(当時の地下鉄は、5セント払えば、どの路線にも乗れたので)。木曜日は決まって学校を早退し、ハーレム、ヨークヴィル、チャイナタウン、グリニッジヴィレッジを歩き回ったものです。ヴィレッジに恋をして、そこで生まれて初めてコスチュームジュエリーを買いました。デュークと彼の楽団に会いに、こっそり列車に乗ってシカゴへ向かいました。新婚旅行も、夫と古い旅行鞄7個とともにパームビーチへ列車で行きました。

ときに道を間違えても、運が味方してくれました。ローマンズを見つけたときもそうです。クライアントに言われた駅で地下鉄を降りたつもりが、そこは違う駅でした。暴風雨の中を途方に暮れながら歩き続け、やがてあの洞窟のようなワンダーランドにたどり着きます。なんとそこがローマンズだったのです。あのときショーウィンドウに飾られていたティファニーのステンドグラスの衝立とノーマン・ノレルのドレスは今でも鮮明に覚えています。まさに災い転じて福となす結果になりました。

人生は一度きりの旅だから楽しんだほうがいい

229

人生は旅のようなものだと思います。私は刺激的な人生を歩んできました。それは自ら進んで危険を冒してきたからでしょう。見知らぬ土地では、歩いている途中でたまたま見つけた店にどんな掘り出し物があるかわかりません。その道がどこにたどり着くのか、行ってみないとわかりません。

あのとき、私はデュークと彼の楽団を追いかけてシカゴへ行きました。ウィスコンシンには列車で戻る予定でしたが、その前にシカゴで少し買い物することにしました。4週間分のお小遣いを持ってきていたからです――母は忙しくて、しょっちゅうお小遣いを渡し忘れていたのに、このときはラッキーでした。私はマーシャル・フィールド百貨店へ行き、大きなフープイヤリングを買いました。次に婦人帽子売り場へ向かう途中で、書籍売り場の前を通りがかり、大きなテーブルに山積みにされたイギリスとアメリカの詩集が目に留まったのです。好奇心が勝ちました。2時間後、お小遣いをすべて使い果たし、12冊の本を抱えて列車に乗り込みました。頭の上にのせるものより、頭の中に入れるもののほうが価値があると自分に言い聞かせながら。

この経験を教訓にすべきだと思うのです。頭に何をインプットするかは本人次第だという教訓に。

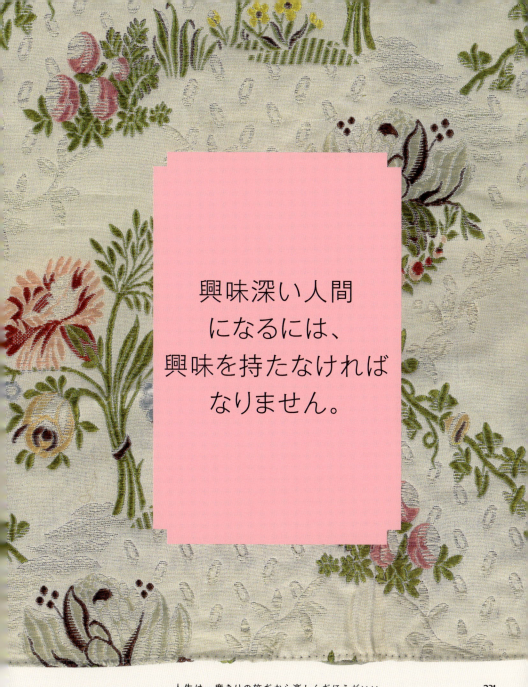

興味深い人間
になるには、
興味を持たなければ
なりません。

人生は一度きりの旅だから楽しんだほうがいい

今も変わらず、私はファッションが好きです。人生の一部だから。でも、ファッション以上に重要なものはたくさんあります。たとえば、教育。慈善活動。どんな職業においても、いい仕事をすること。そのスキルをさらに磨くこと。年齢に関係なく、学ぶことはとても重要です。学ぶことをやめてしまえば、そこで終わりなのです。

それが老化の原因になります。年を重ねるにつれて学ぶことをやめます。世の中のことはなんでも知っていると思い込んでしまうせいです。

中には、自分は生まれつきなんでも知っていると思い込んでいる若者もいます。いつの時代もそういうものです。

さあ、想像力を働かせて。あなたの周りにはあらゆる色があふれています。それを見逃さないように、目も心も開いてください。

いきなりすべてを望んではいけません。オンラインショッピングで試着もせず、手触りも確かめずに買ってしまうような面倒くさがりはいただけません。

私は"一躍して"名声を得るのに70年かかりました。物事にはふさわしいタイミングというものがあります。指示待ち人間の自分とは今日でさよならしましょう―そんなことをしていては、誰もが人と変わらない人間になってしまいます。自ら行動して、自ら発見して、自らを知ることが重要です。自分という人間を確立すれば、なんでも自分で決断できるようになるのです。努力は不可欠。また、何

をするにも探求心は重要です。だから、メトロポリタン美術館の服飾研究所で私の展覧会が行われたとき、ファッションを学ぶ学生たちが毎朝床に寝転んでスケッチしていた（歩くのに苦労するぐらい大勢いたんです）のを見て、私はうれしくなりました。彼らは物事がよくわかっています。じっくり観察すればするほど、新たな次元のとらえ方ができるようになり、そこから人生を学べるのです。

私はものすごい読書家でした。1冊ずつではなく、少なくとも3冊を並行して読んでいました。ひとつのことだけするのは性に合いません。なんといっても、マルチタスクの黒帯保持者ですから。あるとき、一度に複数の作業を同時に行うほうが格段におもしろいと気づきました。心を落ち着けるために手にする本もあれば、心を震わせるために手にする本もあります。でも、どんな本であれ、いつもそこから何かを学ぼうとしていました。本をただ眺めているのも好きです。本棚から取り出し、表紙を撫で、ページをめくりながら写真を見つめ、また本棚へ戻す。本には宝が詰まっているのです。どんな本も学びの宝庫と言えるでしょう。学ぶのに遅すぎることはありません。

人生は一度きりの旅だから楽しんだほうがいい

父は質問したら必ず答えが返ってくる物知りな人でした。知性と世渡りのうまさを兼ね備えているのは、かなりまれだと思います。シェイクスピアと哲学書を愛読する一方、ギャンブルも大好きという、まさに矛盾の塊のような人でした。生きていくうえで他人に何も期待しなければ、失望しなくてすむ、と父から言われたことがあります。とてもいいアドバイスだったので、私はこの言葉を胸に刻み、自分で人生を切り開いてきました。

母はロースクールに通っていました。1章でも述べたように、当時はとても珍しいことでした。母は商才に恵まれ、晩年も「頭が鈍るから」と電卓を使おうとしませんでした。私が子どもの頃は3世代がひとつ屋根の下に住んでいました。一家の最高権力者は祖母。母は家事をいっさいしませんでした。姉妹たち（私のおばたち）と違って裁縫や料理やお菓子作りは苦手ながら、お金を稼ぐことは得意でした。働いてばかりだったので、私と過ごす時間はそれほどなかったです。

当時はなかなか理解できませんでしたが、そのおかげで自立した人間に（世界トップクラスの買い物上手にも）なれたのだと、大人になってわかりました。母は忙しかったので、服が欲しいときは自分で調達しなければならなかったのです。この頃から、私はもう現実主義者でした。母は100歳を迎える3週間前に亡くなるまで、株式仲買人と毎日やりとりをしていました。好奇心を持ち続け、最後まで現役だったのです。

人生は一度きりの旅だから楽しんだほうがいい

私にはまだやるべきことがあり、もっと世の中に貢献できると思っています。自分の経験を仕事に活かして、周りの人に還元すべきでしょう。私にとって、仕事はとても健全なものであると気づいたのです。

引退はしたくない。仕事が好きだから。ハードワークは私を救ってくれる万能薬。

クリエイティブで興味深い人たちに会うと(若い人たちと一緒にいると)、創造力があふれ出て、愉快な時間を過ごせます。仕事があるというのは、私にとって極めて重要なことなのです。とりわけ、夫を亡くしたときは仕事に救われました。もしあのとき働いていなかったら、頭がどうにかなっていたでしょう。仕事は元気の源です。

私は仕事に全身全霊を傾けます。それが私の栄養になるのです。自分を徹底的に追い込み、もう無理となったら休みを取り、さらにパワーアップして再開します。パソコンは使わないし、当然メールのやりとりもしません。テクノロジーの面から見ると、17世紀後半のような生き方をしています。そのくらいが私には心地よく、現代のテクノロジーとは仲よくなれそうにありません。キャンドルや羽根ペンのほうがしっくりくるんです。

メールアドレスを訊かれたら、「ダーリン、伝書鳩を飛ばして」と答えます。人々は私と連絡を取るために面倒な手段をいくつも踏まなければなりません。とはいえ、多くはないものの、私と連絡が取れた人は心から私を必要としているのだとわかります。煩わしさに気分を害する人もいるでしょうが、それが人生というものです。

インナーライフ（精神生活）の質を高めることに重点を置きましょう。

自分のプライベートはあまりさらしたくありません。プライバシーをとても大切にしています。深い話を聞かせてくれる人、すばらしいユーモアのセンスがある人、ウィットに富んだ会話のできる人のことは、私が感心すればいいだけで、彼らのことをほかの人たちが知っているかどうかは気にしません。同調を求めるなんてもってのほか。他人がどう思うかを気にし始めるなんて、健全な状態とは言えません。

いろいろな人たちが私のところにやってきます。何かクリエイティブなことがしたい人、おもしろいことがしたい人、私と仕事がしたい人たちが。光栄なことではあるけれど、自ら積極的にそういう存在になろうとしたわけではありません。注目されることに慣れるには多少時間がかかります。まあ、前向きにとらえようと努力はしていますが、自分の写真や似顔絵を目にするたびに、くすぐったい気分になります——手首に私の顔のタトゥーを入れている女性がいるくらいですから。それがまた生き写し！　いずれにせよ、彼らが私から有益なインスピレーションを得られたのなら幸いです。私たちはみんな使命を持って生まれるのだから。名声なんてどうでもいい。でも、誰かのいい手本になれるのなら、それはすばらしいことです。

これまで私は、多くの才能あふれるクリエイティブな人々と働く機会に恵まれてきました。でも、それ以上に重要なのは、慈善活動や、人々に元気や喜びを与えるような物作りを通して人助けができ、やりがいを感じられたことです。誰かの夢を応援することは、私にとってとても重要です。ファッションを学ぶ若い学生に教えたり、彼らの成長を見守ったりすることはすばらしい経験なので。

私は恩返しという言葉が好きです。恵まれた人生を生きているなら、社会に還元するべきです。
それで誰かの人生が今以上に幸せになるなら最高でしょう。人生は一度きりなのだから。

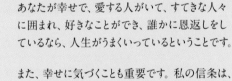

あなたが幸せで、愛する人がいて、すてきな人々に囲まれ、好きなことができ、誰かに恩返しをしているなら、人生がうまくいっているということです。

また、幸せに気づくことも重要です。私の信条は、ただより高いものはない。そのことに気づいたとき、成長できた気がしました。すべてには代償があり、必ずしもお金ではなく、経験や愛情を失う場合もあるかもしれません。とはいえ、何かを失わなければ、得られるものもないのです。

人生は一度きりの旅だから楽しんだほうがいい

私は計画を立てません。なるようになるので、どんと構えていましょう。

何もかもやることは無理なので、多くの機会を逃すことになるでしょう。

すべてを手に入れることはできません。できると思っているなら、いずれ後悔する羽目に陥るでしょう。そんなことは不可能なのです。私はこれをとっくの昔に学びました。

ときには選択を迫られる場合もあります。そんなとき、何もかもできる、やるべきだと考えると、神経が参ってしまうでしょう。そんなふうになってほしくはありません。

私の母はニューヨーク大学を卒業したあと、ロースクールに通っていましたが、私を身ごもっていることがわかり、勉強を断念しなければなりませんでした。当時はそういう時代だったのです。母は私を育てるために、10年ものあいだ自分のやりたいことができませんでした。やがて、仕事に復帰したとき、私は腹を立てました。母に見捨てられたと思ったのです。まだほんの子どもだったので、大恐慌がどんなものかわかっていませんでした。当時、母は働く以外に選択肢がなかったのです。けれども、私にとっては耐えがたいことでした。

だいぶあとになってから、母が何十年も時代を先取りしていたことに気づきました。

その頃、ほとんどの女性は働いていませんでした。母の勇敢さには脱帽するばかりです。

母は自分で選んだ道を決して後悔しませんでした。

人生は一度きりの旅だから楽しんだほうがいい

母は有能な実業家でした。長いことかかって、ようやく気がつきました——表面的な違いはあれど、愛する母はずっと私の手本だったのだと。そして最終的には、かけがえのない親友になりました。

私はキャリアを築きたい、旅行をしたい、仕事にも打ち込みたい、と思っていました。子どもを産んでも、乳母に任せっぱなしなんてことはいやでした。でも、世界中を飛び回っていた私には、当時そういう選択肢しかなかったのです。結婚したら子どもを持つべきだとか、母親とはこうあるべきだとか、そういう固定観念には縛られたくなかったし、自分の生き方を貫きたいと思いました。

もちろん、すべてが自分の思いどおりになるわけではありません。ときには何かを、自分自身を犠牲にしなければならないこともあります。人生は選択の連続で、毎回、難しい決断を迫られるのです。

新しい人生に、仕事に、未来に、一歩踏み出す私。→
あらゆることが待ち受けている。

それでも、自分で選択できるのは、

とても幸せなこと。

人生は一度きりの旅だから楽しんだほうがいい

6
美の基準
は
十人十色

美意識

私は常に美しいものを追い求めています。美しいものを探したり集めたりすることは一生続けるでしょう。とはいえ、自分の容姿を美しくすることを追求していたわけではありません。決して手に入らないブロンドの巻き毛にあこがれた4歳の頃でさえ、自分の容姿を変えたいとは思っていませんでした。

何年も昔に、ミセス・ローマンから「あなたは美人ではないけれど、独自のスタイルを持っていて、そのほうがずっと価値がある」と言われたとき、私はその意味を完全には理解していませんでした。でも、時が経つにつれ、まさにミセス・ローマンの言うとおりだったと気づいたのです。

　私の経験から言えば、独自のスタイルに磨きをかけると幸せな気分になる一方、美しさやかわいさへ高い理想を追い求めると打ちのめされた気分になるものです。

誤解しないでほしいのですが、生まれつき美しい容姿を持ち合わせているのなら、それはすてきなことです。努力する必要はないと言っているわけではありません。自分を磨くために少し努力したり、時間を費やしたりするのはいいことです。ただ、私は自分を魅力的に見せる方法や、自分に似合うヘアスタイルを知っています。ゴージャスに変身するのはとても楽しいものです。私は華やかな色のリップスティックが好き！　誰もメイクの魔法で自分の顔をよりよく見せています。前述のとおり、何事にも因果関係があるので、当然ながら、独自のスタイルを磨くことは、美しさにつながるのです。

やる気を維持するためには、楽しんで続けることが重要だと思います。私のスキンケアはシンプ

『ハーパース・バザー　アラビア』
リチャード・フィブス撮影
2021年

美の基準は十人十色

ルー辺倒です。フェイシャルエステなどへ行くと、高級化粧品を山ほど買って帰ったりもするけれど、結局一度も使わなかったことがほとんど。スキンケアに長々と時間をかけていられないのです。

若い頃は、今と同じように鮮やかなリップスティックを使っていましたが、それに加えて濃いアイメイクもしていました。のちにシアテ・ロンドンのメイクアップコレクションをプロデュースしたときは、まばゆいばかりのサイケデリックな夢の世界にいるような気分でした。色と戯れるのはとても楽しかった……。

そのとき作った鮮やかなリップスティックとアイシャドウは、魔法のアイテムとして長年愛用していました。

メイクはあまり得意じゃない。でも、リップメイクは簡単。鮮やかな色が私の個性に一番合うから。

18歳頃の夏に、友人の姉で、魅力的なファッションモデルだった女性が、私にメイクをしてくれました。チューブから口ひげ用の黒いワックスを少しだけスプーンに出し、マッチの炎で液体状に溶かすと、すばやく私のまつげに塗ったのです。まるで非常に濃いマスカラを使ったかのようで、もともとまつげが長かった私には効果てきめんでした。ミス・ピギー〔『マペット・ショー』に登場するブタのキャラクター〕を彷彿させる仕上がり。当時はそういうメイクが、危険な感じでセクシーとされていたのです。

自己表現力がなければ、
いくら美しくても、
取るに足りない印象になってしまいます。

美人でなくても、印象に残る人になりましょう！私が学生時代をともに過ごした女友だちで、髪が美しく、プロムクイーンになるような女性は、時間をかけて外見に気を配っていました。年齢を重ねるうちに若いときの美しさが失われていくと、自分に自信が持てなくなり、動揺したり落胆したりする人も中にはいたのです。外見の美しさ以外で、年とともに磨いていける部分もあることに思い至らなかったのでしょうね。

私のようなタイプの人間は、魅力は努力して培うものだと思っています。自分の望む生き方をするには、外見以外のものを進化させなければいけません。学んだり、行動を起こしたりする必要があるのです。それによって、少しずつ奥深い人間になっていくのです。年を重ねていけば、その努力は実を結びます。

美しさとは
他人の目に
映るもの
であると同時に、
自分で
決められるもの
なのです。

美の基準は十人十色

意識するしないにかかわらず、多くの人は自分をほかの人と比べがちです。そんなことをしても、魅力を得られるわけではないのに。エネルギーの無駄使いにすぎません。自分の個性をどう表現するかを考えることに時間を費やしましょう。文章を書く、料理をするなど、どんなことでも、いかに自分を表現できるかが重要なのです。これは常識で、魔法ではありません。ただ、少し努力が必要なだけ。

文化が千差万別であるように、美の基準——美しいと思うもの——も時代とともに変化します。それに、美の種類はひとつではなく、いろいろあります。たとえば、ありのままの美しさ、技が施された美しさ、感じのいい美しさ、古風な美しさ、セクシーな美しさなど。過去を振り返ってみると、その当時は理想とされた美の基準が理解できないこともあります。要するに、見る人次第なのです。

結局のところ、自分に自信が持てるかどうかが重要なのです。自信のなさは外見に現れるものだから。

無言であっても
多くを訴えかける表情こそが、
最も美しいのです。

美の基準は十人十色

254　　　IRIS APFEL　　　COLORFUL

すべては物事に対する姿勢で決まります。特定の考えに凝り固まっていれば、それ相応の表情になります。だから、私は絶対に美容整形をしないのだと思います。万一、事故で体や心に致命傷を負った場合、それを修復するのに形成術は画期的だけれど、それを利用して美しく、あるいは若くなろうとするなんて……理解できません。

カールと出かけると、彼は周囲を見回してこう言ったものです。

「ベイビー、このあたりで本物の自分の顔を持っているのはきみだけだよ」

私にとって、しわは勇気の証なので、まったく気になりません。

私の最大の功績は、こんなにも長生きしていること！　幸運にも生きてこられた年月をなぜ隠さなければいけないのかしら？　長生きできるのはすばらしいこと。お祝いしたいくらい。

70歳でフェイスリフトをしても、30歳には見えません。誰の目もごまかせないのです。痛い思いをするうえに高額な施術を、効果もわからないのに受けるなんてリスクが高すぎます。施術後のほうが醜くなる可能性だってあるのに。

昔はよく「ブロンドにしたほうがいい」と言われたものです。だからブリーチをして、髪をさんざん痛めつけました！　ありがたいことに、カールは私のグレーヘアを気に入ってくれたので、わざわざ染める気にはなりませんでした。人生の大半をグレーヘアで過ごしてきました。黒髪に白い筋がたくさん交じっていたときはスカンクみたいでした。私の髪をいつも整えてくれていた母は、娘の白髪を見て自分も年を取ったことを実感させられたことでしょう。それでも、私は白髪染めをしませんでした。ランバンで購入したコートとロシアの大草原地帯風(ステップ)の帽子は、私の頭と同じく、黒地に白い筋が入っていました——この格好で外出したとき、あまりに目立ってしまったせいか、ニューヨークの交通機関を止めてしまったのです。どこまでが生身の私で、どこまでがコートと帽子なのか見分けがつかなかったのでしょう。やがて黒髪と白髪が半々くらいになり、グレーヘアを経て、真っ白になりました。

← おめかしして楽しいディナーへ向かう母と私

私は神に感謝しなければなりません。長生きすると、医師たちからそれは大切に扱われますが、自分でも普段から体に気をつけています。ずっと健康でした。これといった秘訣はありません。不健康な生活をしているわけではないけれど、世界中を旅して回っていたので、ある程度は規則正しい生活を意識する必要がありました。その習慣が身についているのでしょう。世界中のどこにいても、毎朝、同じメニューの食事をとります。

正直なところ、料理はほとんどしないものの、いつも健康的な食事を心がけています。すでにお伝えしたとおり、お気に入りのピザはあるけれど、ジャンクフードには手を出さないようにしています。流行りの健康食品のたぐいには興味がありません。健康的な体重を維持したいなら、食べすぎないことが最も効果的。炭酸水を飲みません。アルコールはときどき。昔はヘビースモーカーでしたが——1日4箱！——ある日、すぱっとやめました。運動は定期的にしています。元気の源は一生懸命働くこと。最近は家にいる時間も楽しんでいます。私は自分のことは自分でできるので、パンデミックの時期もなんとか乗りきれました。何十年も前にコレラが流行中のイタリアに滞在したことがあり、初めての経験というわけではありませんでしたが、そうはいっても、今回のパンデミックとは比べものになりません。

美の基準は十人十色

私が所有する湖畔のアパートメントには、水辺に面したすてきなテラスがあります。そこで長椅子に寝そべりながら、目の前に広がる景色を眺めるのが大好き。このアパートメントを持っててよかったと思っています。本当に美しい場所なので。今はここで執筆作業に明け暮れているので、おびただしいローブ・コレクションの中の一着を身につけたまま、着替えたりせずに仕事ができるのは快適です。

ドレスアップする機会がまったくなかったら、気分がよくないでしょう。でも、長年ほとんど家を空けていたので、自宅でドレスアップするということはありませんでした。家にいてもドレスアップするのは贅沢な気分でしょう。とはいえ、肌触りのいい真っ白なタオル地のローブを羽織るという誘惑には勝てません。

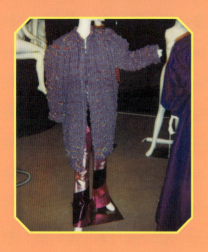

いわゆる私のコレクションとは、ワードローブのことです。シンプルで禅の心を感じさせるものやフォーマルなものから、ものすごく奇抜なものや遊び心満載なものまで、さまざまな衣類を持っています。コレクションするためではなく、もっぱら着たいがために購入しているのです。高校時代から体型が変わっていないので、膨大な数になっています。メトロポリタン美術館の服飾研究所で私の展覧会が行われたあと、いくつかの場所で巡回展も開催されました。マサチューセッツ州セイラムにあるピーボディ・エセックス博物館での展覧会は、私の人生最高の瞬間のひとつです。

私のアクセサリーや服に対するアプローチを初めてジャズの即興演奏にたとえたのは、その博物館のキュレーターのひとりでした。

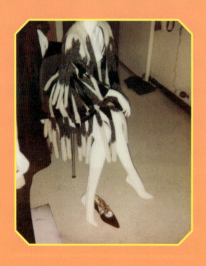

それはまさにぴったりな表現でした。ピーボディ・エセックス博物館は私にとって特別な場所です。この博物館はもともとすばらしい服飾コレクションを所蔵していますが、それらが網羅している年代と、私の手持ちの服飾品が網羅している年代がちょうど重ならないことが判明したのです。以来毎年、キュレーターたちが私のもとを訪れ、どれを博物館用に持ち帰るか相談します。渡すものを決めることは容易ではありません。

← 私のコレクション展
私のお気に入りの服が、メトロポリタン美術館の服飾研究所で行われた展覧会で展示された。その後、マサチューセッツ州セイラムのピーボディ・エセックス博物館でも開催。

友人でもありクリエイターでもある

Fern Mallis

アイリスは虹そのもの。彼女は色をまとう——

クレヨラの特大ボックス。
パントーンの色見本帳。
ある日はターコイズブルーの装いで
ジュエリーをいくつも重ね付けしていたかと思うと、
翌日は頭のてっぺんから爪先まで
ショッキングピンクずくめ、
その次は鮮やかな黄色。

誰にも真似できない
スタイルで。

ファーン・マリス

私の服は私の人生を

お気に入りの一着はどれか、とよく訊かれます。そのたびに、「わが子の中でお気に入りはどの子?」と尋ねられている気分になります。すべてに特別な思い入れがあります。思い出の詰まったものを手放すのは容易ではありません。手元から離れるのが名残惜しいときもあります。

それでも、年齢を重ねるにつれ、どの服も所詮はモノにすぎないと気づき、手放すことで誰かの人生を明るくすることができるかもしれないと思うようになりました。誰かの人生の一部になれるのだと考えると、すばらしいことです。

物語るもの

ゼニ・オプティカル
ルーヴェン・アファナドール撮影
2021年

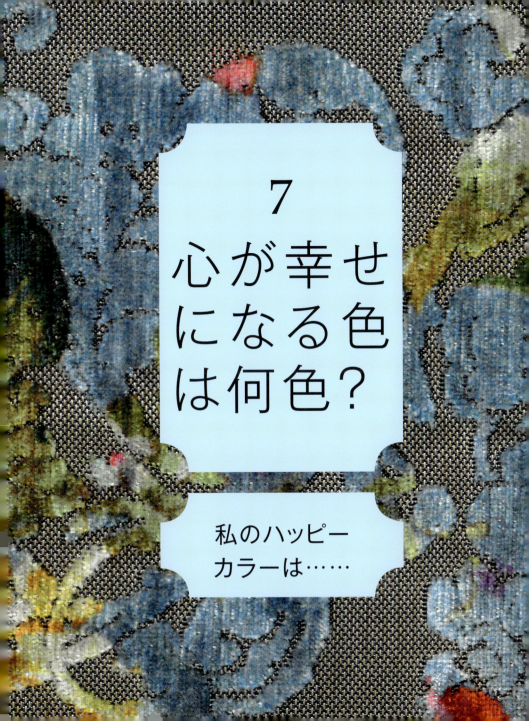

7
心が幸せ
になる色
は何色?

私のハッピー
カラーは……

メガネを

かける

あなたにとって幸せとは?

無難な自分から
抜け出して、
冒険してみる。

あらゆるものに
美を見出す。

旅を
楽しむ。

知的
探求は
続く……

長年の友人でもありエージェントでもある

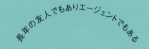

アイリス・アプフェルは比類なき女性です。私にとって、彼女と一緒に働けるのは名誉なこと。アイリスとの日課の電話は、いつも彼女のこの言葉から始まります——「今日の仕事は何かしら?」。彼女の仕事への飽くなき情熱の証です。アイリスにはあらゆる点で先見の明があります。独自のレンズ——鼻の上にのせられた特徴的な巨大メガネのレンズ——を通して世の中を見ているのです。そのレンズを通すと、世界は色とりどりの万華鏡のように、さまざまな模様であふれるキャンバスのように見えるのでしょう。彼女の審美眼にかかると、ありふれたものは並外れたものへと変貌し、その才能にかかれば、奇抜なものとエレガントなものを魔法のごとく見事に融合させるのです。

ロリ・セール

訳者あとがき

　2024年3月1日、世界最高齢のファッションアイコン、アイリス・アプフェルが102歳でその華麗なる生涯を閉じました。彼女の訃報を受け、『ヴォーグ』『エル』『ハーパーズバザー』『マリ・クレール』など多くのファッション雑誌が追悼記事を掲載しています。それほどアイリスのスタイルは唯一無二の存在感を放っていたのです。

　生涯を通して、仕事で世界中を飛びまわっていたアイリスの楽しみは、訪れた各地の蚤の市巡りでした。彼女はそこで見つけたさまざまなものを収集し始めます。この趣味が2005年にメトロポリタン美術館で開催された彼女のコレクション展につながり、これがきっかけで、アイリスは84歳で一躍時の人となります。

　インテリアデザイナーとして、実業家として、華々しいキャリアを築いたアイリスを語るうえで、欠かせないのが夫カールの存在です。ふたりの結婚生活は68年にも及びます。そのあいだ、彼らはともに手を取りあって多くの事業に携わってきました。

　長年二人三脚で歩んできたカールが100歳でこの世を去ったあとも、アイリスは精力的にさまざまな活動に挑戦し続け、亡くなる前日も、自身のインスタグラムに102歳と半年を祝うハーフバースデー投稿をして元気な姿を見せていました。

　アイリスは自分の信念を貫き、どこまでも自由に強く生きた女性です。そんな彼女はこれまでに数々の名言を残してきました。その珠玉の言葉は本書にもちりばめられており、アイリスの発するひと言ひと言には、彼女の人生観や自分らしく生きるヒントが詰まっています。

　激動の1世紀を生き抜いたアイリスとともに、個性を追い求めた彼女の人生の旅路をどうぞお楽しみください。

　　　　2024年11月

　　　　　　　　　　　　　　　　　　　　　　　　　桐谷　美由記

友人のジュリエットと夜の街へ →

Picture credit

ルーヴェン・アファナドール、リチャード・フィブス、クリエイティブパートナーであるラガブル、ゼニ・オプティカル、シアテ・ロンドン、ドクター・ショールズ・シューズに、本書へ多数の写真を提供していただいたことを深く感謝します。

アイリスの個人用アーカイブ © Iris Apfelの中から選んだ写真はすべて下記には記載されていません。

テキスタイルデザインはP50、51、52©Ruggableを除き、オールド・ワールド・ウィーバーズ・アーカイブ © Iris Apfelに保存されているものを使用しました。

75—77　アイリス・アプフェル×ゼニ・オプティカル・コレクション。© Zenni Optical, Inc

80　2021年9月、『ハーパーズバザー　アラビア』© Richard Phibbs／Trunk Archive

第2章

85　2021年6月、アイリス・アプフェル×ゼニ・オプティカル発売。Zenni Optical, Inc © Ruven Afanadorより提供

92　2021年9月、『ハーパーズバザー　アラビア』© Richard Phibbs／Trunk Archive

94—95　2012年11月、『ロンドン・イブニング・スタンダード』© Thomas Whiteside／Trunk Archive

100　2016年10月、『ロフィシェル　パリ』© Jeremy Liebman／Trunk Archive

104　2012年11月、『ロンドン・イブニング・スタンダード』© Thomas Whiteside／Trunk Archive

109　2021年6月、アイリス・アプフェル×ゼニ・オプティカル発売。Zenni Optical, Inc © Ruven Afanadorより提供

110　2021年11月、アイリス・アプフェル。ニューヨークのチプリアーニ42番街で開催されたAceアワードに出席。H&Mのスーツを着用。© Jamie McCarthy／Getty Images

111　2021年9月、『ハーパーズバザー　アラビア』© Richard Phibbs／Trunk Archive

117　2010年9月、『ハーパーズバザー　ロシア』© Christopher Sturman／Trunk Archive

118　2021年6月、アイリス・アプフェル×ゼニ・オプティカル発売。Zenni Optical, Inc © Ruven Afanadorより提供

128　2016年6月、フォーティ・ファイブ・テン。© Ruven

前付

1　2021年8月。アイリス、100歳の誕生日記念ポートレート。Ruven Afanador © Iris Apfel

3—4　2022年11月、アイリス・アプフェル×ラガブル発売。Ruggable © Ruven Afanadorより提供。

第1章

10　2021年9月、『ハーパーズバザー　アラビア』© Richard Phibbs／Trunk Archive

18　2021年6月、アイリス・アプフェル×ゼニ・オプティカル発売。Zenni Optical, Inc © Ruven Afanadorより提供。

22　2016年5月、ニューヨーク市、アメリカン・アパレル・フットウエア協会（AAFA）の第38回アメリカン・イメージ・アワードに出席したアイリス・アプフェル。イリヤ・S・サヴェノク／ゲッティイメージズより提供

25　2021年6月、ルーヴェンと楽しい時間を過ごす。パームビーチ。© Ruven Afanador

38　2021年8月、『ハーパーズバザー』© Ruven Afanador

42　2021年9月、『ハーパーズバザー　アラビア』© Richard Phibbs／Trunk Archive

50—52　2022年／2023年、アイリス・アプフェル×ラガブル発売。© Ruggable

54　ミセス・ローマン。フリーダ・ミューラー・トラストより提供

58　1947年、ミリセント・ロジャース。ファッションデザイナー及びファッション雑誌編集者の投票により、ニューヨーク・ドレス協会主催ベストドレッサー10人のひとりに選出されたとき。© Bettman／Getty

Afanador

第3章

132　2011年2月、カールと。南ドイツ新聞。© Andreas Laszlo Konrath／Trunk Archive

156　2009年12月、ピーボディ・エセックス博物館で行われたアイリスのジュエリー展示即売会。Staff photo by Angela Rowlings. (Photo by MediaNews Group／Boston Herald via Getty Images)

157　(上段) 2008年10月、ニューヨーク市、アイリス・アプフェルとカール・アプフェル。(Photo by Billy Farrell／Patrick McMullan via Getty Images)

　　　(下段) 2011年、アイリス・アプフェル。FIT美術館クチュール評議会主催のヴァレンチノ・ガラヴァーニの功績をたたえる第7回年間アワードに出席。(Photo by Steve Eichner／WWD／Penske Media via Getty Images)

158—159　2024年、アイリス・アプフェル×ドクター・ショール発売。© Dr. Scholl's Shoes

164—165　2021年6月、アイリス・アプフェル×ゼニ・オプティカル発売。Zenni Optical, Inc © Ruven Afanadorより提供

167　2010年9月、『ハーパーズバザー　ロシア』© Christopher Sturman／Trunk Archive

173　1940年撮影、デューク・エリントン。アメリカ合衆国出身のジャズピアニスト、作曲家 (1899—1974)。© MPI／Getty Images

183　2021年6月、アイリス・アプフェル×ゼニ・オプティカル発売。Zenni Optical, Inc © Ruven Afanadorより提供

第4章

187　2021年9月、『ハーパーズバザー　アラビア』© Richard Phibbs／Trunk Archive

192　2021年6月、アイリス・アプフェル×ゼニ・オプティカル発売。Zenni Optical, Inc © Ruven Afanadorより提供

210　2016年10月、『ロフィシェル　パリ』© Jeremy Liebman／Trunk Archive

第5章

214　2015年3月、ケイト・スペード。© Emma Summerton／Trunk Archive

220　2021年6月、アイリス・アプフェル×ゼニ・オプティカル発売。Zenni Optical, Inc © Ruven Afanadorより提供

第6章

246　2021年9月、『ハーパーズバザー　アラビア』© Richard Phibbs／Trunk Archive

248　2022年9月、アイリス・アプフェル×シアテ・ロンドン、リップスティック。© Ciate London

264—265　2021年6月、アイリス・アプフェル×ゼニ・オプティカル発売。Zenni Optical, Inc © Ruven Afanadorより提供

後付

286　2023年、アイリスとロリ。© Lori Sale

PICTURE CREDIT

アイリス・アプフェル（Iris Apfel）

1921年、ニューヨーク州クイーンズ区アストリア生まれ。インテリアデザイナー、アンティークテキスタイル蒐集家、客員教授、ブランド大使、ソーシャルメディアセレブなど、さまざまな顔を持つ。ニューヨーク大学で美術史を学び、ウィスコンシン大学のファインアートスクールに進んだ。卒業後、Women's Wear Dailyに入社し、著名なインテリアデザイナー、エリノア・ジョンソンのもとで働く。1948年、カール・アプフェルと結婚。アイリスとカールは1950年にインテリア会社オールド・ワールド・ウィーバーズを立ち上げ、ホワイトハウスの内装修復プロジェクトに携わるなど、事業で成功をおさめる。2005年、メトロポリタン美術館で開かれた私物のファッション装飾品コレクション展示「Rara Avis」は、彼女を国際的に有名にした。2011年のM・A・Cのキャンペーンモデルほか、マテル、マクドナルド、H&M、ヒューゴ・ボス、Etsy、イーベイなど、多数の企業とのパートナーシップを務めた。2014年にはアルバート・メイズルス監督によるドキュメンタリー映画『アイリス・アプフェル！ 94歳のニューヨーカー』が製作される（日本公開は2016年）。2024年3月に死去。

桐谷美由記（きりたに・みゆき）

北海道札幌市出身。英米文学翻訳者。おもな訳書としてマデリン・ハンター『愛に降伏の口づけを』、コートニー・ミラン『遥かなる夢をともに』（ライムブックス）などがある。

COLORFUL
by Iris Apfel
Copyright © Iris Apfel, 2024
First published as COLORFUL in 2024 by Ebury Press, an imprint of Ebury Publishing. Ebury Publishing is part of the Penguin Random House group of companies.
The author has asserted her moral rights.
Japanese translation rights arranged with The Random House Group Limited
through Japan UNI Agency, Inc., Tokyo

No part of this book may be used or reproduced in any manner for the purpose of training artificial intelligence technologies or systems.

Design by IMAGIST
https://imagistlondon.com/

フォトエッセイ
アイリス・アプフェル
世界一おしゃれな102歳のスタイル

2025年1月6日　第1刷

著　者	アイリス・アプフェル
訳　者	桐谷美由記
装　幀	村松道代
発行者	成瀬雅人
発行所	株式会社原書房

〒160-0022 東京都新宿区新宿1-25-13
電話・代表　03(3354)0685
http://www.harashobo.co.jp/
振替・00150-6-151594

印刷・製本　シナノ印刷株式会社
©LAPIN-INC 2025

ISBN 978-4-562-07491-4　printed in Japan

much love,
Iris

たくさんの愛を込めて、

アイリス